재밌어서 밤새 읽는
원소 이야기

OMOSHIROKUTE NEMURENAKUNARU GENSO

Copyright © 2016 by Takeo SAMAKI
Illustrations by Yumiko UTAGAWA
First published in Japan in 2016 by PHP Institute, Inc.
Korean translation copyright © 2017 THE FOREST BOOK Publishing Co.
Korean translation rights arranged with PHP Institute, Inc.
through EntersKorea Co.,Ltd.

이 책의 한국어판 저작권은 (주)엔터스코리아를 통해
일본의 PHP Institute, Inc.와 독점 계약한 도서출판 더숲에 있습니다.
저작권법에 의하여 한국 내에서 보호를 받는 저작물이므로
무단전재와 무단복제를 금합니다.

재밌어서 밤새 읽는
원소 이야기

사마키 다케오 지음 | 오승민 옮김 | 황영애 감수

더숲

칼륨 대신 포타슘, 나트륨 대신 소듐이라고?
우리가 기존에 알고 있던 원소 이름, 어떻게 바뀌었을까?

원자번호	원소기호	IUPAC 이름	한글 새이름	한글 옛이름
9	F	Fluorine	플루오린	플루오르
11	Na	Sodium	소듐	나트륨
19	K	Potassium	포타슘	칼륨
22	Ti	Titanium	타이타늄	티탄
24	Cr	Chromium	크로뮴	크롬
25	Mn	Manganese	망가니즈	망간
32	Ge	Germanium	저마늄	게르마늄
34	Se	Selenium	셀레늄	셀렌
35	Br	Bromine	브로민	브롬
41	Nb	Niobium	나이오븀	니오브
42	Mo	Molybdenum	몰리브데넘	몰리브덴
51	Sb	Antimony(Stibium)*	안티모니	안티몬
52	Te	Tellurium	텔루륨	텔루르
53	I	Iodine	아이오딘	요오드
54	Xe	Xenon	제논	크세논
57	La	Lanthanum	란타넘	란탄
62	Sm	Samarium	사마륨	사마륨
65	Tb	Terbium	터븀	테르븀
68	Er	Erbium	어븀	에르븀
70	Yb	Ytterbium	이터븀	이테르븀
73	Ta	Tantalum	탄탈럼	탄탈
97	Bk	Berkelium	버클륨	바클륨
98	Cf	Californium	캘리포늄	칼리포르늄
99	Es	Einsteinium	아인슈타이늄	아인시타늄

2016년 대한화학회가 수정한 무기화합물 명명법에 따름.
*( )의 영어 이름은 IUPAC(국제순수응용화학연합)에서 함께 인정하는 것이다.

차례

원소 주기율표 • 10

머리말 • 12

감수의 글 • 15

1장

원자번호 1 ~ 18

1
H
수소
•
22

2
He
헬륨
•
31

3
Li
리튬
•
33

4
Be
베릴륨
•
36

5
B
붕소
•
38

6
C
탄소
•
41

7
N
질소
•
47

8
O
산소
•
51

9
F
플루오린
•
55

10
Ne
네온
•
60

11
Na
소듐
•
62

12
Mg
마그네슘
•
69

13
Al
알루미늄
•
72

14
Si
규소
•
79

15
P
인
•
81

16
S
황
•
84

ELEMENTS!

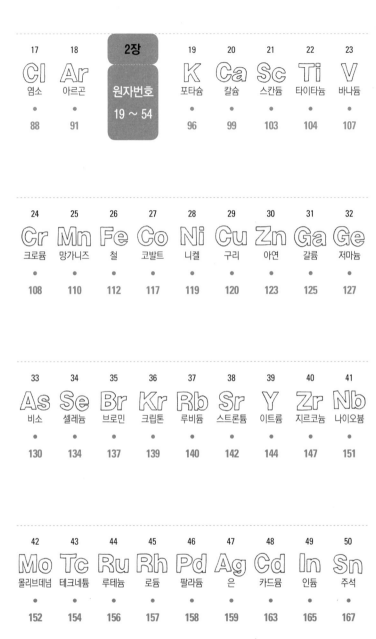

17	18	**2장**	19	20	21	22	23
Cl	Ar		K	Ca	Sc	Ti	V
염소	아르곤	**원자번호**	포타슘	칼슘	스칸듐	타이타늄	바나듐
•	•	**19 ~ 54**	•	•	•	•	•
88	91		96	99	103	104	107

24	25	26	27	28	29	30	31	32
Cr	Mn	Fe	Co	Ni	Cu	Zn	Ga	Ge
크로뮴	망가니즈	철	코발트	니켈	구리	아연	갈륨	저마늄
•	•	•	•	•	•	•	•	•
108	110	112	117	119	120	123	125	127

33	34	35	36	37	38	39	40	41
As	Se	Br	Kr	Rb	Sr	Y	Zr	Nb
비소	셀레늄	브로민	크립톤	루비듐	스트론튬	이트륨	지르코늄	나이오븀
•	•	•	•	•	•	•	•	•
130	134	137	139	140	142	144	147	151

42	43	44	45	46	47	48	49	50
Mo	Tc	Ru	Rh	Pd	Ag	Cd	In	Sn
몰리브데넘	테크네튬	루테늄	로듐	팔라듐	은	카드뮴	인듐	주석
•	•	•	•	•	•	•	•	•
152	154	156	157	158	159	163	165	167

51	52	53	54	**3장**	55	56	57
Sb	Te	I	Xe	원자번호 55 ~ 86	Cs	Ba	La
안티모니	텔루륨	아이오딘	제논		세슘	바륨	란타넘
•	•	•	•		•	•	•
171	173	175	178		182	185	189

58	59	60	61	62	63	64	65	66
Ce	Pr	Nd	Pm	Sm	Eu	Gd	Tb	Dy
세륨	프라세오디뮴	네오디뮴	프로메튬	사마륨	유로퓸	가돌리늄	터븀	디스프로슘
•	•	•	•	•	•	•	•	•
193	194	195	199	200	201	202	204	205

67	68	69	70	71	72	73	74	75
Ho	Er	Tm	Yb	Lu	Hf	Ta	W	Re
홀뮴	어븀	툴륨	이터븀	루테튬	하프늄	탄탈럼	텅스텐	레늄
•	•	•	•	•	•	•	•	•
206	207	208	209	210	211	212	214	219

76	77	78	79	80	81	82	83	84
Os	Ir	Pt	Au	Hg	Tl	Pb	Bi	Po
오스뮴	이리듐	백금	금	수은	탈륨	납	비스무트	폴로늄
•	•	•	•	•	•	•	•	•
221	223	225	229	235	239	241	246	248

85	86	4장	87	88	89	90	91
At	Rn	원자번호 87~118	Fr	Ra	Ac	Th	Pa
아스타틴	라돈		프랑슘	라듐	악티늄	토륨	프로트악티늄
251	252		256	258	261	262	264

92	93	94	95	96	97	98	99	100
U	Np	Pu	Am	Cm	Bk	Cf	Es	Fm
우라늄	넵투늄	플루토늄	아메리슘	퀴륨	버클륨	캘리포늄	아인슈타이늄	페르뮴
265	269	270	273	274	275	276	277	279

101	102	103	104	105	106	107	108	109
Md	No	Lr	Rf	Db	Sg	Bh	Hs	Mt
멘델레븀	노벨륨	로렌슘	러더포듐	더브늄	시보귬	보륨	하슘	마이트너륨
279	280	280	281	281	282	283	283	284

110	111	112	113	114	115	116	117	118
Ds	Rg	Cn	Nh	Fl	Mc	Lv	Ts	Og
다름슈타튬	뢴트게늄	코페르니슘	니호늄	플레로븀	모스코븀	리버모륨	테네신	오가네손
284	285	285	286	288	288	289	289	290

칼럼

아리스토텔레스의 사원소론 • **39**

원소와 원자 ① • **46**

원소와 원자 ② • **61**

동위원소 발견 이후 원소의 개념이 명확해지다 • **67**

홑원소 물질과 화합물 • **122**

'칼슘' 홑원소 물질을 지칭하는 경우와 화합물을 지칭하는 경우 • **129**

금속 원소와 비금속 원소 • **135**

원자번호와 양성자 수와 전자 수 • **169**

질량수 = 양성자 수 + 중성자 수 • **177**

안정 동위원소와 방사성 동위원소 • **179**

주기율표는 화학의 근본이 되는 '지도'와 같다 • **184**

원소의 주기율표와 홑원소 물질의 상태 • **192**

예전에는 주기율표를 원자량 순으로 배열했다 • **228**

인공원소를 만들다 • **247**

맺음말 • **291**

참고문헌 • **295**

◆ 원소의 주기율표

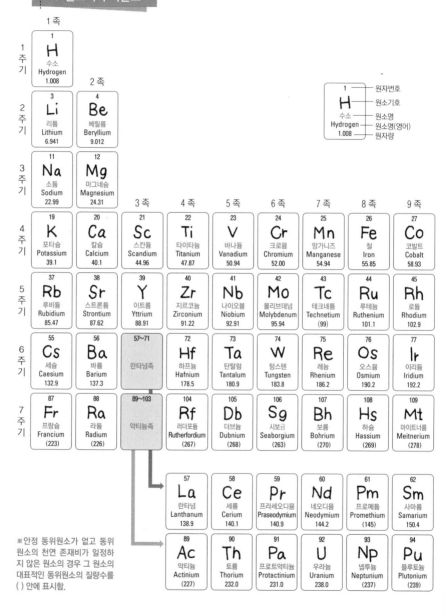

	1 족								
1 주기	1 H 수소 Hydrogen 1.008								
2 주기	3 Li 리튬 Lithium 6.941	4 Be 베릴륨 Beryllium 9.012							
3 주기	11 Na 소듐 Sodium 22.99	12 Mg 마그네슘 Magnesium 24.31							

2 족

원자번호 1 — H 원소기호 — 수소 원소명 — Hydrogen 원소명(영어) — 1.008 원자량

	3 족	4 족	5 족	6 족	7 족	8 족	9 족
4 주기	19 K 포타슘 Potassium 39.1	20 Ca 칼슘 Calcium 40.1	21 Sc 스칸듐 Scandium 44.96	22 Ti 타이타늄 Titanium 47.87	23 V 바나듐 Vanadium 50.94	24 Cr 크로뮴 Chromium 52.00	25 Mn 망가니즈 Manganese 54.94
5 주기	37 Rb 루비듐 Rubidium 85.47	38 Sr 스트론튬 Strontium 87.62	39 Y 이트륨 Yttrium 88.91	40 Zr 지르코늄 Zirconium 91.22	41 Nb 나이오븀 Niobium 92.91	42 Mo 몰리브데넘 Molybdenum 95.94	43 Tc 테크네튬 Technetium (99)

(원소 주기율표 이미지 — 전체 내용은 이미지 참조)

26
Fe
철
Iron
55.85 27
Co
코발트
Cobalt
58.93

44
Ru
루테늄
Ruthenium
101.1 45
Rh
로듐
Rhodium
102.9

55
Cs
세슘
Caesium
132.9 56
Ba
바륨
Barium
137.3 57~71
란타넘족 72
Hf
하프늄
Hafnium
178.5 73
Ta
탄탈럼
Tantalum
180.9 74
W
텅스텐
Tungsten
183.8 75
Re
레늄
Rhenium
186.2 76
Os
오스뮴
Osmium
190.2 77
Ir
이리듐
Iridium
192.2

87
Fr
프랑슘
Francium
(223) 88
Ra
라듐
Radium
(226) 89~103
악티늄족 104
Rf
러더포듐
Rutherfordium
(267) 105
Db
더브늄
Dubnium
(268) 106
Sg
시보귬
Seaborgium
(263) 107
Bh
보륨
Bohrium
(270) 108
Hs
하슘
Hassium
(269) 109
Mt
마이트너륨
Meitnerium
(278)

57
La
란타넘
Lanthanum
138.9 58
Ce
세륨
Cerium
140.1 59
Pr
프라세오디뮴
Praseodymium
140.9 60
Nd
네오디뮴
Neodymium
144.2 61
Pm
프로메튬
Promethium
(145) 62
Sm
사마륨
Samarium
150.4

89
Ac
악티늄
Actinium
(227) 90
Th
토륨
Thorium
232.0 91
Pa
프로트악티늄
Protactinium
231.0 92
U
우라늄
Uranium
238.0 93
Np
넵투늄
Neptunium
(237) 94
Pu
플루토늄
Plutonium
(239)

※안정 동위원소가 없고 동위원소의 천연 존재비가 일정하지 않은 원소의 경우 그 원소의 대표적인 동위원소의 질량수를 ( ) 안에 표시함.

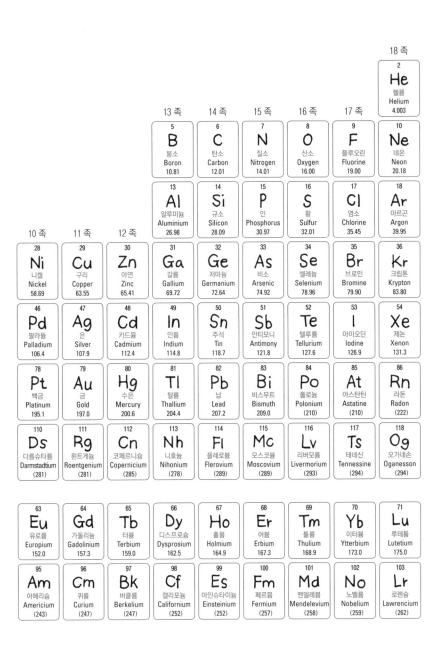

흥미로운 원소 세계로의 여행

삼라만상을 만드는 원소 세계에 오신 것을 환영한다.

우리 주변에는 자연이 있다. 바위가 있고, 흙이 있고, 식물이 있고, 동물이 있고, 사람이 있고, 강이 있고, 바다가 있고, 하늘이 있고, 별이 있고……. 참으로 아름답고 풍성한 세계가 우리 주변에 펼쳐져 있다. 그런데 이 세계를 구성하는 것은 약 100종의 원소들뿐이다.

이 책은 흥미롭고 유익한 이야기를 통해 원소 세계를 쉽게 이해하도록 풀어쓴 책이다. 원소에 관한 책들에 종종 화학식이나 어려운 원자 구조가 등장하는 경우가 많다. 그러나 이 책은 학교 수업

시간에 배우는 과학은 어려워하지만, 지적인 호기심 때문에 원소 세계가 알고 싶은 사람들을 위해 쓰인 책이다. 이 책을 권하고 싶은 대상은 다음과 같다.

- 재미있는 원소 세계를 쉽게 이해하고 싶은 사람
- 일상에서 흔히 접할 수 있는 원소 이야기에 대해 자세히 알고 싶은 사람

원소를 안다는 것은 우리 주변의 세상이 어떻게 구성되어 있는지를 아는 것과 같다. 또한 원소 세계는 희소 금속, 희토류 원소, 방사능과 같은 뉴스 주제와도 크게 관련되어 있다.

약 100종의 원소들(지금까지 밝혀진 것은 모두 118종) 가운데 천연에 있는 것은 약 90종이다. 이 약 90종의 원소가 지구상의 물질과 우주에 있는 물질까지 포함해 다양한 종류의 물질을 구성하고 있다. 지구상의 물질은 이미 등록된 것만 1억 개가 넘는다. 원소는 서로 결합하는 상대 원소나 결합하는 방식을 바꾸어 방대한 물질군(만물)을 만들어낸다.

예를 들어 우리 인간의 몸은 약 70%가 물로 구성되어 있다.

물은 수소와 산소의 화합물이므로 우리 몸에는 당연히 수소와 산소가 많을 것이다. 그 밖에 근육을 만드는 단백질, 에너지원이

되는 지방, 뼈 등이 있다. 단백질과 지방은 유기물로, 탄소가 중심인 화합물이다. 종합적으로 보면 질량비로 산소 65%, 탄소 18%, 수소 10%, 질소 3.0%, 칼슘 1.5%, 인 1.0% 등 약 90종의 원소들 중 여섯 가지 원소가 우리 몸의 대부분을 차지한다.

그다음으로는 소량 원소로서 황, 포타슘, 소듐, 염소, 마그네슘이 모두 합쳐서 0.8%이고, 미량 및 극미량 원소로서 철, 플루오린, 규소, 아연, 셀레늄, 망가니즈, 구리, 알루미늄 등이 모두 0.7% 정도 된다.

우리 몸을 구성하는 원소는 그렇게 많지 않다. 이들 원소명을 보고 우리 몸에서 어떤 물질을 만들고 있는지 상상해볼 수 있다. 예를 들어 단백질은 아미노산이 결합된 집합체인데 아미노산에는 반드시 질소 원자가 들어 있다. 뼈는 인산 칼슘으로 인, 칼슘, 산소로 구성되어 있다.

원소의 세계에는 의외로 잘 알려져 있지 않으면서도 흥미롭고 신기한 이야기들이 많다. 이런 이야기를 알면 학교 다닐 때 과학이 어려웠던 사람이라도 원소 세계에 흠뻑 빠져들 것이다.

어디를 펼치더라도 금세 빠져들어 읽을 수 있도록 재미와 정보를 담아내려고 나름대로 노력했다고 자부한다.

이제 재미와 정보로 가득 찬 원소 세계로 여행을 떠나보자.

원소의 세계도 이렇게 재미있을 수 있다니!

늘 그렇지만 화학이 재미있다고 하면 사람들은 내 머리의 구조가 어떻게 된 게 아닌지 이상한 눈으로 보곤 합니다. 그런데 이제까지 재미있다고 했던 것은 대부분 화합물의 성질이나 반응 또는 반응이 일어나는 과정에 관한 것이었습니다. 화학을 전공했으면서도 원소의 성질에 대해서는 꼭 필요한 것 이외에는 그리 흥미를 가지지 않았지요. 무조건 외워야 한다는 선입견 탓이었습니다. 이 책을 감수하면서 모든 원소에 대해서 새로이 섭렵할 기회를 가지게 되니 나로서는 감사한 시간이었습니다.

짧은 기간 동안 원소의 명명법에 많은 변화가 있었습니다. 과거

중고등학교 교과서에 표기되거나 우리에게 익숙했던 명명법과는 많이 달라진 것을 발견하게 됩니다. 이 책에서는 2016년 12월에 마지막으로 수정된 대한화학회의 화합물 명명법(무기화학)을 따랐습니다. 이전에는 대체로 독일식을 따른 일본식 명명법을 그대로 번역해서 사용했습니다. 고등학교에서는 아직도 그렇게 하는 경우가 많습니다. 하지만 이제는 우리나라뿐 아니라 구미 등 세계의 화학계가 모두 미국식 발음을 사용하는 실정이고 대학에서도 물론 미국식 화합물 명명법을 사용합니다. 그러다 보니 대학교에 들어온 많은 학생들이 혼란스러워하는 모습을 자주 보게 됩니다.

이 책의 독자들이 주로 우리 과학을 짊어질 젊은 꿈나무들이기도 하고, 우리의 과학이 국제사회로 나아가기 위해서라도 세계 공통의 화합물 명명법을 따르는 것이 좋겠다고 생각했습니다. 이 책의 의미는 재미뿐 아니라 미래교육에도 있으니까요.

이제 책 내용 중의 재미있는 몇 가지를 살짝 소개할까 합니다.

원자번호 60번의 네오디뮴(Nd)으로 만든 자석은 현존하는 자석 중에 최고의 성능을 자랑합니다. 이 자석이 위조지폐를 감별하는 데 사용할 수 있다는 사실을 알고 있는지요? 지폐에 사용된 자성잉크로 인해 자석을 갖다 대면 지폐가 붙게 되기 때문이랍니다.

다른 원소들과는 달리 텅스텐은 왜 자신의 이름과 거리가 먼 W

라는 원소기호를 가지게 되었을까요? 그 이유는 독일에서 텅스텐이 볼프람(wolfram)이라는 별명으로 불리기 때문입니다. 전구에서 이 이름을 본 적이 많지 않은가요? 이 별명은 텅스텐이 최초로 추출된 철 망가니즈 중석에서 유래되었습니다. 이 철 망가니즈 중석은 주석 광석과 섞이면 주석을 늑대(wolf)처럼 뜯어먹어 주석이 잘 추출되지 않는다고 해서 붙여진 별명이랍니다.

"로마가 멸망한 원인은 납으로 만든 수도관에서 용출된 납에 로마인들이 중독되었기 때문"이라는 말을 종종 듣습니다. 하지만 로마시대의 수도관은 대부분 돌로 만들어졌으므로 신빙성이 낮은 이야기입니다. 그럼에도 실제로 로마인들의 인골에는 꽤 많은 양의 납이 함유되어 있었습니다. 왜 그랬을까요? 이는 수도관 때문이 아니라 와인 때문이었습니다. 당시에는 냉장 기술이 없었으므로 아세트산균 등에 의해 와인이 금세 신맛으로 변했습니다. 이에 로마의 어느 술장수가 안쪽에 주석과 납으로 도포된 용기에다 산패한 와인을 부어서 가열하면 신맛이 없어지고 달게 변한다는 사실을 발견한 것이지요. 그런데 불행하게도 이 단맛은 납과 아세트산이 반응하여 생성되는 유독한 아세트산 납에 의한 것이었습니다. 이 방법은 법적으로 금지되어 현재는 아황산 염을 첨가하여 와인의 산패를 방지하고 있습니다.

납 이외에도 비소나 수은 등 과거에는 독성의 심각함을 모르고 신체에 사용한 원소들이 많이 있습니다. 우리는 이러한 원소나 화합물의 성질, 그 중에서도 독성에 대해 정보를 많이 얻을 수 있는 시대에 살고 있으니 참으로 다행스럽고 감사한 일입니다. 그러니 건강하고 행복하게 살아가기 위해서라도 화학을 알아야겠지요?

또한 원소 이름에서 역사의 어두운 단면과 치유까지 발견할 수 있습니다. 1938년 말 독일의 오토 한(Otto Hahn)은 중성자를 우라늄에 충돌시킬 때 만들어지는 물질 가운데 바륨과 비슷한 물질이 있다는 것을 발견했습니다. 이 결과를 공표하기 전, 스웨덴으로 피신해 있던 유대계 여성 물리학자인 L. 마이트너(Meitner)에게 알렸습니다. 그녀는 조카 프리슈(Fritch)와 함께 연구한 결과 바륨이 우라늄의 핵분열 현상으로 생겨났음을 이론적으로 설명했습니다. 이 공적으로 오토 한은 1944년 노벨 화학상을 수상했지만 마이트너는 유대인이라는 이유로 수상자에서 제외되었습니다. 그뿐 아니라 나치의 핍박을 피해 망명까지 해야 했습니다. 그러나 그녀의 사후에 109번 원소 이름을 그녀의 이름을 따서 '마이트너륨(Mt)'이라고 명명함으로써 그 공적이 과학 역사에 길이 남게 되었습니다. 그녀의 영혼이 하늘에서나마 위로를 받았으면 하는 마음에서였을 것입니다.

이와 같이 화학은 어렵거나 무섭기만 한 학문이 아닙니다. 원소와 화합물 하나하나에 얽혀 있는 내용에 귀를 기울이다 보면 재미있는 이야기가 솔솔 들려옵니다. 그런 의미에서 이 책은 원소와 화학 개념을 설명하는 책이라기보다는 이야기책이 아닐까 생각될 정도입니다. 재밌어서 계속 읽어가다 보면 원소와 친해지게 될 것입니다. 아는 만큼 보인다고 하지요. 이 책을 통하여 더 다양하고 풍부한 화학 이야기까지 많이 알게 되어 과학 꿈나무가 점점 더 많이 배출되었으면 좋겠습니다.

『화학에서 인생을 배우다』 저자 · 상명대학교 명예교수 황영애

원자번호 1~18

Cl Ar H He Li Be B C N O F Ne Na Mg Al Si P S

1

H 수소

Hydrogen | 원자량 1.008
그리스어의 hydro(물)와 gennao
(생성하다)가 더해진 말.
즉 '물을 만드는 것'이라는 뜻

수소는 태우면 물이 된다

수소 가스는 무색무취이며 기체 중에서 가장 가볍다. 한편 수소 원자는 원자들 가운데 크기가 가장 작으며, 지구상에서는 수소 원자 두 개가 결합된 수소 분자 H_2의 형태로 존재한다. 수소 분자 는 너무 가벼워서 중력으로 잡아둘 수 없기 때문에 대기 중에 미량으로 존재한다. 밀도는 0.081g/l, 공기가 1일 때의 비중은 0.07 이다.

목성 크기의 거대 혹성일 경우에는 중력으로 수소를 잡아둘 수 있다. 목성 탐사선 갈릴레오의 관측(1995년) 등을 통해 목성의 대기 성분은 81% 이상이 수소로 구성되어 있다는 사실이 밝혀졌다 (두 번째로 많은 성분은 헬륨으로 17%).

수소는 태우면 물이 된다. 공기 중에 수소가 4~75% 함유된 혼합 기체를 점화하면 폭발적인 반응이 일어난다. 그래서 수소는 액체 로켓의 연료와 암모니아 제조 등 화학공업의 원료로도 사용된다.

또한 수소 가스는 수소와 산소의 반응으로 전류를 발생시키는 연료전지의 연료로서 차세대 에너지원으로 주목받고 있다. 연료 전지가 탑재된 자동차는 운행 시 배기가스로 수증기를 배출한다.

수소는 지구상에 산소와 결합된 물의 형태로 다량 존재한다. 또한 탄소와 결합해 다양한 유기물의 구성 성분이 된다. 우주에 가장 많이 존재하는 원소로, 우주 진공 중에서 수소는 원자 단독 으로 떠다닌다.

우주의 시작으로 알려진 '빅뱅(대폭발)'에서 가장 처음에 대량 생성된 것은 양성자(수소 원자핵)로, 약 38만 년에 걸쳐 우주가 냉 각되는 동안 양성자와 전자가 결합해 가장 먼저 수소 원자가 생 성되었다.

우리 몸의 대장 안에서 만들어지는 수소

잘 알려져 있지 않지만 사실 우리 인체 안에서는 다량의 수소가 만들어진다. 우리 몸의 대장 안에 살고 있는 수소 생산균이 만들어내는 것이다.

먹은 음식이나 몸의 상태에 따라 보통 한 번에 최대 150ml, 하루 동안 약 400ml~2L 정도의 방귀가 몸 밖으로 배출된다.

방귀의 주요 성분은 질소 60~70%, 수소 10~20%, 이산화 탄소 약 10%, 그 밖에 산소, 메테인, 암모니아, 황화 수소, 스카톨(skatole), 인돌(indole), 지방산, 휘발성 아민 등이다.

이렇듯 생각보다 많은 양의 수소가 우리 몸에서 생성된다. 방귀의 형태로 밖으로 배출되지 못한 수소는 체내에 흡수되어 혈액으로 순환된다. 방귀를 모아서 점화하면 불이 붙는 것은 방귀에 메테인과 수소가 함유되어 있기 때문이다.

최근 유행하는 '수소수'

'수소수'가 세간의 화제다. 수소수란 분자 상태의 수소를 물에 녹인 것으로, 수소 원자가 두 개 결합한 수소 분자 H_2를 말한다. 예를 들면 물을 전기분해하거나 묽은 염산에 아연을 넣었을 때 발생하는 기체는 분자 상태의 수소다.

수소수가 붐을 일으키게 된 것은 일본 의과대학 오타 시게오[太田成男] 교수팀의 연구가 계기였다. 시험관에서 배양한 랫트(실험 쥐 다음으로 연구에 많이 이용되는 쥐과 동물)의 신경세포와 관련해, 수소 농도 1.2ppm 용액이 활성 산소를 환원시켜 독성을 없애는 것을 확인했다는 논문이 2007년 의학 논문지 〈네이처 메디슨〉에 게재되었다.

이와 같은 생체 외, 즉 시험관 내에서의(in vitro) 연구 결과는 의학적인 근거가 다소 미흡했다. 그러나 그 이후 좀 더 신뢰도가 높은 동물 실험, 즉 생체 내에서의(in vivo) 실험에서도 수소 분자가 활성 산소 중에서 가장 반응성이 높은 하이드록실 라디칼(hydroxyl radical, ·OH)이라는 활성 산소만을 선택적으로 환원시켜 그 유해성으로부터 세포를 보호한다는 연구가 잇따라 발표되었다.

활성 산소라고 하면 유해하므로 무조건 없애야 한다고 오해하기 쉽지만 사실은 매우 다양한 기능과 종류의 활성 산소가 존재한다. 즉 활성 산소가 꼭 나쁘게 작용하는 것은 아니다. 어차피 우리가 호흡할 때마다 수많은 세균과 바이러스 등의 병원체가 대량으로 몸 안으로 침입해 들어온다.

그럼에도 쉽게 질병에 걸리지 않는 이유는 우리 몸에서 면역이라는 방어 시스템이 작동하기 때문이다. 활성 산소는 이 방어 시스템의 일부분으로 작용한다. 면역은 활성 산소를 무기로 체내에 들어오는 세균 및 바이러스와 싸운다. 즉 활성 산소는 우리 몸을 지키는 강력한 무기이기도 하다.

오타 교수는 분자 상태의 수소가 활성 산소를 무조건 제거하는 것이 아니라, 노화나 몸에서 트러블을 일으키는 원흉이 되는 나

쁜 활성 산소인 하이드록실 라디칼만을 선택적으로 제거하는 것이 특징이라고 주장한다.

하지만 외부에서 다른 물질을 도입해 인체 내의 활성 산소를 제거하는 일에는 신중해야 한다는 것이 필자의 입장이다. 아직까지 체내 활성 산소의 작용이 명확하게 밝혀지지 않았을 뿐더러 활성 산소를 제거하는 우리 인체의 고유한 능력이 약화될 우려가 있기 때문이다.

이러한 우려는 여러 차례, 또 대규모로 실시된 인체에 대한 조사 결과, 수소수에 문제가 없고 동시에 효과가 있음이 입증되어야 사라질 것이다.

'활성 산소 제거를 통한 발암 억제'라는 가설 하에 베타카로틴에 대한 대규모 연구를 실시하자, 오히려 베타카로틴을 섭취한 사람들의 암 발병률이 통계적으로 유의미한 수준으로 높았다는 결과가 다수 나왔다. 베타카로틴을 채소로 섭취하면 건강에 해롭지 않지만 보조식품의 형태로 과잉 섭취하면 어떤 문제가 발생할지는 아무도 모르는 것이다.

무엇보다도 앞서 언급했듯이 우리 인체 내에서는 수소수로 섭취하는 수소 양보다 더 많은 수소가 만들어지고 있으며 혈액 속으로 순환된다는 사실을 잊지 말아야 한다.

수소 인화 폭발을 경험하다

필자가 수소 인화 폭발 사고를 직접 목격한 것은 수십 년 전 학창 시절 때의 일이다. 교육 실습의 일환으로 방과후 과학실에서 예비 실험을 하고 있었다. 그때 실험 책상을 사이에 두고 앞에 앉아 있던 친구가 묽은 염산과 아연을 넣어 수소가 발생되는 삼각 플라스크의 입구에 성냥으로 불을 붙이려 했다. 필자가 "하지마!"라고 소리 지르며 몸을 웅크리는 순간 엄청난 폭발음이 일어났다. 과학실이 온통 유리 파편으로 뒤덮였다. 불행 중 다행으로 두 사람 모두 다치지는 않았다.

그 후 필자는 대학원을 졸업하고 중학교에서 학생들을 가르쳤다. 인근 초등학교에서 수소 폭발로 학생이 다쳤다는 이야기가 종종 들려왔다. 산성과 알칼리성 수용액의 성질을 알아보는 수업 도중에 일어난 사고였다. 산성 수용액이 들어간 삼각 플라스크에 스틸울(철솜)을 넣는 실험 도중에 학생이 책상 위에 있던 성냥에 불을 붙여 삼각 플라스크의 수소 발생 입구에 갖다댄 것이 원인이었다.

또 다른 사고는 어떤 중고등학교에서 일어났다. 과학 강사가 교탁 실험 책상 주변에 학생들을 불러모아 삼각 플라스크 장치로 수소의 연소를 시연하고 있었다. 1교시 실험은 성공적이었다. 그런데 2교시 때 수소 발생이 약해지자 삼각 플라스크의 고무마개

를 열고 묽은 염산을 첨가한 뒤 수소 발생 입구에 불을 갔다 댔다
가 폭발이 일어났다. 학생들 몇 명이 유리 파편에 부상을 당했다.

위험한 수소! 비행선의 폭발과 화재사고

수소를 시험관에 포집해 입구를 아래 방향으로 향하게 하여 시
험관에 점화하면 '쉿' 또는 '펑' 하는 폭발음과 함께 시험관 입구
주변에 무색의 불꽃이 일면서 연소한다. 게다가 수소는 연소 또
는 폭발 시 물이 생긴다.

수소 기체는 가장 가볍기 때문에 과거에 비행선에 사용되었으
나 '힌덴부르크 호 대참사 사고'가 일어난 이후 연소하기 쉬운 수
소 대신 안전성이 높은 헬륨으로 대체되었다.

1937년 5월 6일 미국 뉴저지 주 레이크 허스트 해군 비행장에
서 독일 비행선 힌덴부르크 호가 크게 폭발하는 사고가 일어났다.
이 사고로 승무원 및 승객 35명과 지상 작업 인부 1명이 사망했
다. 사고 동영상을 보면 폭발 당시 내부에서 일시에 폭발한 것이
아니라 화염이 겉면을 타고 오르면서 불이 번진 것을 알 수 있다.

1997년 NASA의 연구원은 직접 인화된 물질이 선체 외벽에 발
린 도료였음을 발표했다. 힌덴부르크 호에는 태양광과 대기로부
터 겉면을 보호하기 위해 산화 철 및 알루미늄 분말이 함유된 재
료가 도포되어 있었다. 산화 철과 알루미늄 분말 혼합물이 점화

되면 격렬한 반응이 일어나면서 철이 녹아내린다. 연구원의 주장에 따르면 정전기로 발생한 불꽃이 알루미늄 분말에 인화되어 표면 전체에서 격렬한 반응이 일어나 한순간에 불타오른 것이었다. 이 사고를 계기로 사람들의 뇌리에는 '수소는 위험하다'라는 인식이 강하게 박혔다. 그러나 어쩌면 수소가 모든 책임을 뒤집어쓴 것일지도 모른다.

정확한 사고의 원인은 80년 가까이 흐른 지금까지도 아직 밝혀지지 않았다. 이윽고 항공 수송에서 비행선이 활약하던 짤막한 시대는 막을 내렸다. 불분명한 사고 원인은 수많은 가설들을 낳았고, 지금도 이를 바탕으로 한 책과 영화들이 제작되고 있다.

태양 에너지원은 수소의 핵융합 반응으로 얻어진다

빅뱅 이후 가장 먼저 만들어진 것은 수소와 헬륨이다. 지금도 우주 전체에서 수소가 약 4분의 3, 이어서 헬륨이 약 4분의 1로 우주의 98%를 수소와 헬륨이 차지한다. 참고로 세 번째는 산소, 네 번째는 탄소다.

수소는 태양이나 다른 항성에 존재하면서 핵융합 반응으로 빛과 열을 방출하는 이른바 우주의 에너지원이다. 태양에서는 수소 원자 네 개가 융합해 헬륨 원자 한 개가 만들어지는 핵융합 반응이 일어난다. 하지만 단 한 번의 반응으로 헬륨 원자가 만들어지지는 않는다. 맨 처음 중수소(중수소의 원자핵은 양성자 한 개와 중성자 한 개로 이루어짐)가 만들어지는 반응에서 시작해 몇 단계의 반응을 거쳐 헬륨 원자가 만들어진다.

헬륨 원자 한 개의 질량은 수소 원자 네 개의 질량보다 0.7% 정도 가볍다. 이때 상실되는 질량이 에너지로 변환되어 에너지의 원천이 된다. 태양에서는 1초당 6억t의 수소가 헬륨으로 변환된다.

수소는
우주에서
가장 많은
원소야.

2

He 헬륨

Helium | 원자량 4.003
그리스어의 'helios(태양)'에서 유래.

공기보다 가벼워 풍선과 비행선에 사용

비활성 기체 중 하나로 무색무취의 기체다. 비활성 기체인 원소는 화학적으로 비활성이기 때문에 대부분의 경우 화합물이 없다. 특히 1주기인 헬륨과 2주기인 네온은 화합물이 아예 없다.

우주 전체에서의 존재량은 수소 다음으로 많은데, 지구상에는 미량만 존재한다. 수소에 이어 두 번째로 가벼워 지구 중력에 잡히지 않고 우주 공간으로 날아가기 때문이다.

헬륨의 끓는점은 $-269°C$로 매우 낮기 때문에 액체 헬륨은 절대 영도($-273°C$) 부근까지 냉각된다. 그래서 리니어모터카(일본

자기부상 열차의 명칭)의 초전도 코일이나 연구실 실험 냉각제 등으로 이용된다.

　헬륨은 공기보다 가볍기 때문에 풍선과 비행선에 사용되기도 한다. 천연가스 중에 1% 전후로 함유되어 있는 경우도 있는데, 미국에서는 천연가스로부터 공업적으로 헬륨을 채취하고 있다.

3

Li 리튬

> Lithium | 원자량 6.941
> 그리스어의 'lithos(돌, 암석)'에서 유래.

불꽃에 넣으면 아름다운 빨간 불꽃색을 띤다

주기율표의 가장 왼쪽에 있는 1족에는 수소, 리튬, 소듐, 포타슘…… 등이 세로로 배열되어 있다. 수소를 제외한 리튬부터가 알칼리 금속 원소들이다.

알칼리 금속은 밀도가 작고 비교적 부드러운 은백색을 띠는 금속이다. 그 첫 번째 금속이 바로 리튬이다. 리튬은 모든 금속 중에 가장 밀도가 작아서 물에 넣으면 위로 뜬다. 밀도는 0.53g/cm³로, 똑같은 부피의 물과 비교하면 물의 절반 정도밖에 되지 않는다.

리튬은 그냥 물에 떠 있지 않고 수소 가스를 발생시키며 수산화 리튬이 되면서 물에 용해된다. 알칼리 금속은 모두 실온의 물과 바로 반응하여 수소 가스를 발생시키며 수산화물이 되기 때문이다. 리튬은 알칼리 금속 중에서 가장 약하게 물과 반응한다.

우리 주변에서 흔히 볼 수 있는 리튬의 대표적인 용도는 소형 고성능 리튬 이온 배터리다. 휴대용 정보기기의 2차 전지(충전 가능한 전지)로 사용되고 있다. 가격이 비싸다는 단점이 있으나 작고 가볍게 만들 수 있으므로 가격이 높더라도 소형 및 고성능으로 제작해야 하는 기기들에 주로 사용된다.

무색인 불꽃에 리튬이나 염화 리튬을 넣으면 아름다운 붉은색 불꽃반응을 볼 수 있다.

불꽃반응은 알칼리 금속과 알칼리 토금속(2족인 칼슘 이하 원소들), 구리 등의 홑원소 물질과 화합물에서 볼 수 있다. 무더운 여름 밤하늘을 수놓는 아름다운 불꽃놀이의 색채는 기본적으로 이러한 원소들의 불꽃반응을 이용한 것이다.

불꽃반응의 각 원소와 반응 색을 쉽게 외우는 암기법으로 한국의 청소년들은 "바황이 구청에서 칼슘을 주웠다. 빨리 노나보칼(놀아볼까)"이라는 말을 사용한다. '바'는 바륨을 뜻하고 '황'은 황록색을 뜻한다. 즉 바륨의 불꽃반응은 황록색이라는 의미다. '구청'의 '구'는 구리, '청'은 청록색을 뜻한다. '주웠다'의 '주'는 주황색으로 칼슘의 불꽃반응은 주황색이라는 뜻이다. '빨리'의 '빨'은 빨간색, '리'는 리튬을 뜻하며, '노나'의 '노'는 노란색, '나'는 나트륨(소듐)을 뜻한다. 마지막으로 '보칼'의 '보'는 보라색, '칼'은 칼륨(포타슘)이다. 스트론튬은 별도로 외워야 하는데 리튬과 같은 빨간색이다.

4

Be 베릴륨

Beryllium | 원자량 9.012
그리스어의 'beryllos(녹주석)'에서 유래.

은백색을 띤 금속이다. 표면에 산화 피막, 즉 부동태(不動態, 금속이 원래 부식해야 할 환경에 있음에도 거의 부식하지 않는 상태) 피막이 형성되어 안정적이다. 홑원소 물질과 화합물은 단맛이며 극소량으로도 치사할 수 있는 매우 강한 독성이 있다. 주로 합금 경화제로 이용되며 베릴륨 동(BeCu)이 대표적인 물질이다. 베릴륨은 그 독성 때문에 가공 중에 흡입하면 위험하다.

녹주석(베릴륨으로 구성된 중요한 광석 중 하나) 중에서 아름다운 광석들은 보석으로 쓰인다. 에메랄드와 아쿠아마린이 대표적인 예다. 둘 다 베릴륨, 알루미늄, 규소, 산소의 화합물이다.

아쾨마린은 청렴한 마음을 상징하며 보석으로 인기가 있다. 이름은 라틴어로 '물'을 뜻하는 'aqua'와 '바다'를 뜻하는 'marinus'에서 유래됐다. 이름처럼 아름다운 바닷물을 연상시키는 엷은 하늘색과 높은 투명도가 특징이다. 투명도가 높기 때문에 어두운 조명 아래 한층 더 밝게 빛나는 성질이 있다. 무도회에서 귀부인들이 주로 애용했던 보석이었기 때문에 '밤의 여왕'이라는 별명이 붙여지기도 했다.

5

B 붕소

Boron | 원자량 10.81
천연에서 얻는 붕사를 아랍어로 buraq(하
얀)라 불렀던 데서 유래.

잘 깨지지 않는다! 내열 유리의 원료

검은색의 금속 광택을 내는 반도체(전기가 잘 통하는 도체와 통하지 않는 절연체의 중간적인 성질을 나타내는 물질)다. 구리나 은보다 10~12배 정도 전류가 잘 흐르지 않으며, 금속과 다르게 온도가 올라가면 저항이 작아진다.

붕산(boric acid) 수용액은 약한 살균작용이 있어 예전에는 식품 방부제나 의약용 가글액 및 안구 세척용액으로 쓰였다. 그러나 중독 증상(발진, 급성위장염, 혈압 강하, 경련, 쇼크 등) 때문에 현재 이러한 용도로는 사용되지 않는다. 바퀴벌레 퇴치제로 쓰이기도 하지만 애완동물이 잘못 먹고 죽는 경우도 있다.

붕산은 붕규산 유리(borosilicate glass)의 원료다. 유리가 열에 약한 이유는 두 가지다. 하나는 열전도도가 매우 낮기(열이 잘 전달되지 않기) 때문이고, 다른 하나는 온도에 따라 열팽창률에 변화가 생기기 때문이다.

유리의 열전도도를 높이면 유리 전체로 열을 신속하게 확산시킬 수 있지만 유리의 열전도도를 높이기란 거의 불가능에 가깝다. 하지만 가열해도 열팽창률이 거의 변하지 않는 재질로 만들면 잘 깨지지 않는 유리를 만들 수 있다.

칼럼

아리스토텔레스의 사원소론

우리 주변에는 매우 다양한 물질들이 존재한다. 인간은 고대부터 '만물을 이루는 근원은 무엇인가?'라는 질문에 대한 해답을 추구해왔다. 예를 들어 지금으로부터 2500여 년 전 그리스 철학자들은 만물이란 몇 종류의 원소(물질을 만드는 본질적 요소)로 이루어져 있다고 생각했다.

그중에서도 유럽 중세시대까지 영향을 미친 아리스토텔레스는 물질이란 네 가지 기본적 원소, '불, 물, 공기, 흙'으로 이루어져 있으며, 물질은 얼마든지 작게 쪼갤 수 있다고 생각했다.

바로 산화 붕소를 유리에 섞어 붕규산 유리로 만드는 것이다. 이렇게 하면 온도를 높여도 열팽창률이 별로 커지지 않는다. 온도에 따른 열팽창률의 변화가 적으면 유리에 급격한 온도 변화가 생겨도 견딜 수 있게 된다.

6

C 탄소

Carbon | 원자량 12.01
확실하지 않지만 carbo(목탄)에서 유래되
었다는 설이 있다. 그 어원은 인도유럽어
의 ker(태우다)에 있는 것으로 알려져 있다.

다이아몬드는 탄소로만 이루어져 있다

탄소로 대부분이 구성된 물질 가운데는 목탄이 가장 잘 알려져 있다. 숯가마에서 목재를 태우면 목재가 분해되면서 목탄이 만들어진다. 목탄은 무정형 탄소(amorphous carbon)로, 결정구조가 명확하지 않다. 그 밖의 무정형 탄소로는 입자 크기를 어느 정도 일정하게 만든 공업용 카본 블랙(carbon black)이 있다.

그 외에 탄소만으로 구성된 물질로는 결정성과 분자 구조가 확실한 다이아몬드, 흑연, 풀러렌(fullerene)이 있다. 이들을 탄소 동소체(同素體, allotrope)라고 하는데, 동소체란 같은 원소로 되어 있으나 모양과 성질이 다른 홑원소 물질을 말한다.

닮은 구석이라고는 하나도 없는 검은 목탄(가장 결정화가 진행된 것은 흑연)과 무색투명하고 강도가 가장 강한 다이아몬드는 모두 탄소 원자로만 이루어져 있다. 둘 다 모두 태우면 이산화 탄소가 생성된다. 필자는 다이아몬드를 넣은 석영관에 산소를 주입함으로써 다이아몬드를 연속적으로 가열-발화-연소시켜 모두 이산화 탄소로 변환시키는 실험법을 개발한 적이 있다.

탄소 화합물은 그 종류만 1억 개가 넘는 유기물(유기 화합물) 세계를 구축하고 있다. 탄소는 생물체의 주요 구성 원소로, 생물들의 다양한 기능과 관련이 있다. 탄수화물과 단백질, 지방은 탄소 화합물, 즉 유기물이다. 자연계에서 유기물은 식물의 광합성으로 이산화 탄소와 물로부터 만들어지며, 심해의 열수(熱水) 생태계에서는 무기물로부터 화학합성 세균에 의해 만들어진다. 이러한 유기 화합물이 생물들의 몸을 만들며 생명활동의 에너지원이 된다.

천연섬유와 합성섬유 그리고 플라스틱도 모두 탄소 화합물이다. 석유와 석탄, 천연가스와 같은 화학연료들도 유기 화합물로 구성되어 있다. 이들이 연소될 때 발생하는 이산화 탄소는 지구 온난화의 주요 원인으로 문제가 되고 있다.

드라이아이스는 이산화 탄소의 고체형이다

아이스크림이 녹지 않도록 드라이아이스를 함께 넣어주는 경우가 있다. 드라이아이스의 '드라이'는 '건조한', '아이스'는 '얼음'이라는 뜻이다. 우리가 생활하는 1기압에서 이산화 탄소는 액체 상태를 거치지 않고 고체에서 바로 기체가 된다. 그래서 '드라이'한 것이다. 이러한 상태 변화를 '승화'라고 한다.

드라이아이스의 정식 명칭은 '고형 탄산'이다. 고형 탄산이란 탄산 가스 고체, 즉 이산화 탄소 고체를 말한다. 드라이아이스는 백색의 고체로, 방치하면 액체로 녹지 않고 기체인 이산화 탄소가 되면서 크기가 점점 작아진다. 액체로 녹지 않으며 약 −80℃로 매우 차갑고 가볍다는 특징 때문에 식재료 운반 시 보냉제로 활용된다.

드라이아이스라는 이름은 세계 최초로 대량 생산에 성공한 미국의 드라이아이스 사(DryIce Corporation)가 붙인 상품명에서 유래되었다. 뉴욕에서 세계 최초로 드라이아이스의 대량 생산에 성공한 것은 1925년의 일이다. 당시 새로 출시된 아이스크림을 녹이지 않고 운반하기 위해서 개발되었다.

기체를 충분히 압축해 가느다란 구멍으로 강하게 분출시켜 급격히 팽창시키면 온도가 급강하(단열팽창) 되는데, 이 과정을 반복한다. 이는 구름이 생성되는 원리와 같다.

그러면 결국 압력이 높게 가해진 상태에서 이산화 탄소는 액체가 된다. 이 액체 이산화 탄소를 용기 안으로 분출시키면 눈처럼 분말 상태가 되어 용기 안에 쌓인다. 이때 분출되는 액체 이산화 탄소는 드라이아이스의 두 배다. 절반은 드라이아이스가 되고 나머지 반은 기체 이산화 탄소가 되어 열을 빼앗는다. 이때 기체는 다시 회수되어 재차 원료로 사용된다.

용기 안의 분말 드라이아이스를 강하게 압축하면 딱딱한 드라이아이스가 된다.

간혹 드라이아이스를 유리병에 밀폐했다가 파열되는 사고가 발생하는데 페트병에 넣어도 위험하기는 마찬가지다. 한 고등학생이 장난삼아 페트병에 물과 드라이아이스를 넣어 밀폐했다가 폭발한 사고가 있었다. 필자는 그 사고를 재현하기 위해 방송국으로부터 의뢰를 받아 실험한 적이 있었는데, 매우 큰 폭발이 일어나 파편이 수십 미터까지 날아가기도 했다.

풀러렌의 발견

탄소 동소체라고 하면 무정형 탄소와 흑연, 다이아몬드, 이렇게 세 가지가 지금까지 알려진 연구 결과였다. "탄소는 더 이상 연구할 것이 없을 정도로 흔한 원소이므로 다른 동소체는 없다"라는 것이 일반적 견해였다.

그런데 우연히 60개의 탄소 원자가 12개의 5각형과 20개의 6각형을 만들며 전체적으로 축구공 모양의 아름다운 구를 이루는 분자가 발견되었다. 1985년 해럴드 W. 크로토(Harold. W. Kroto, 1939~2016)와 리처드 E. 스몰리(Richard. E. Smally, 1943~2005)가 발견했는데, 이로써 그들은 1996년 노벨화학상을 수상했다.

사실 이 분자는 발견되기 15년 전 이미 일본 오사와 에이지[大澤映二] 박사가 그 존재를 예견한 바 있었다. 뿐만 아니라 C_{70}을 비롯한 C_{76}, C_{78}, C_{84} 등 탄소수가 큰 분자도 발견되었다. 구형이 아닌 원통형 탄소 나노 튜브의 존재도 밝혀지면서 이들을 통칭해서 풀러렌(fullerene)이라 부르게 되었다. 현재 풀러렌 분자 내부의 공간에 다른 원자를 넣은 물질의 물리적·화학적 성질에 대한 연구와 의학 분야로의 응용 등 다양한 연구가 활발하게 이루어지고 있다.

가볍고 유연하면서 탄탄한 탄소섬유

탄소섬유(carbon fiber)는 탄소로만 구성된, 직경이 머리카락의 10분의 1 정도로 매우 가는 검은색 섬유다. 직조하여 천으로 만들 수 있다. 여기에 탄소섬유를 단독으로 쓰는 경우는 드물며, 플라스틱이나 세라믹, 금속 등과 함께 사용한 복합재료로서 압도적인 강도와 가벼움을 자랑한다. 탄소섬유는 금속보다 훨씬 가볍고 강도와 내구성이 높은 특징 때문에 비행기, 로켓, 인공위성, 자동차, 낚시도구, 골프용품, 테니스 라켓, 자전거 프레임, 요트, 문구, 정밀기기 등 매우 다양한 용도로 쓰이고 있다.

칼럼

원소와 원자 ①

순수한 물질(순물질)이면서 어떠한 화학적 방법으로도 두 종 이상의 물질로 분해될 수 없고, 어떠한 두 종류 이상의 물질들의 화합에 의해서도 만들어질 수 없을 경우 그 순수한 물질을 이루는 기본 성분을 '원소'라고 정의한다.

수소와 산소는 더 이상 분해될 수 없기 때문에 원소에 해당된다.

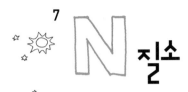

7

N 질소

Nitrogen | 원자량 14.01
주성분이 질소인 '초석(Nitrum)'과 '생성하
다(gennao)'가 합쳐진 것이 어원.

다양한 질소 산화물 – 녹스·암모니아·아미노산

무색, 무미, 무취의 기체로 지구 대기의 약 78%를 차지한다. 약
-196℃에서 액화되기 때문에 액체 질소는 냉각제로 사용된다.
공업적으로는 액체 공기의 분류(分溜, 두 가지 이상의 화합물을 끓는
점이 다른 것을 이용하여 각 성분 물질로 분리하는 방법)로 제조한다.

상온에서는 활성이 없는 기체이나, 고온의 조건에서는 산소와
다양한 산화물을 만든다. 질소 산화물을 통칭해서 NOx(녹스)라
부른다. NOx는 산성비의 원인이다.

일산화 질소는 자동차 엔진 내부 등 공기가 고온이 될 때 발생

한다. 일산화 질소는 물에 잘 용해되지 않는 무색의 기체로, 공기 중에서 재빨리 산화되어 이산화 질소가 된다. 이산화 질소는 물에 잘 용해되는 적갈색 기체로, 특유의 냄새가 있으며 매우 유독하다.

그 밖에 질소를 함유한 화합물로는 암모니아, 질산, 아미노산 등이 있다. 암모니아는 무색으로 자극적인 냄새가 있고 공기보다 가벼우며 물에 매우 잘 용해되는 기체다. 수용액(암모니아수)은 약알칼리성이다. 암모니아로부터 질산, 비료, 염료 등 다양한 질소 화합물들이 제조된다. 질산은 강한 산성이면서 동시에 산화력이 있어 구리, 수은, 은 등을 용해한다.

체내의 혈액 및 근육 성분인 단백질과 체내 화학 변화를 촉진시키는 효소는 질소 원자를 포함한 아미노산으로 이루어져 있다. 이처럼 질소는 생물의 필수 원소 가운데 하나다.

액체 질소로 다양한 물질들을 냉각시키다

큰 보온병에 들어 있는 액체 질소를 책상에 놓인 비커에 따른다. 비커에 따른 이 액체가 물처럼 얌전한 액체라고 생각하면 큰 오산이다. 액체 질소는 비커에 들어가자마자 어마어마한 속도로 끓기 시작한다.

고무공을 액체 질소에 넣었다 꺼내면 돌처럼 딱딱하게 굳는다.

이것을 높은 곳에서 바닥으로 떨어뜨리면 큰 소리를 내며 산산조각이 난다. 이 파편을 때리면 금속음을 내며 부서진다. 망치로 때리면 도자기가 깨지듯이 산산조각이 난다.

액체 질소에 꽃잎을 넣으면 마치 끓는 기름 속의 튀김처럼 소리를 내며 격렬하게 끓는다. 꽃잎을 꺼내어 손으로 만지면 바스락거리며 부서진다. 그러나 조금 시간이 지나면 다시 고무의 탄성과 꽃잎의 부드러움이 되살아난다.

이산화 탄소가 들어간 비닐봉지를 액체 질소로 냉각시키면 부드러운 백색 분말, 즉 드라이아이스가 만들어진다. 산소가 들어간 비닐봉지를 냉각시키면 옅은 푸른빛을 띤 액체 산소가 된다.

공기 중의 질소를 이용한다? 질소고정

공기 중에는 질소가 약 78% 함유되어 있지만 대부분의 생물들은 공기 중의 질소 분자를 이용할 수 없다. 질소고정(대기 중의 분자상 질소를 고정하고 이를 질소원으로 하여 동화하는 현상)을 할 수 있는 생물은 원핵생물의 일부에 국한되어 있다. 콩과 식물의 뿌리에 공생하며 뿌리혹(근류)을 형성하는 '뿌리혹박테리아'나 단독으로 광합성을 하면서 질소고정이 가능한 광합성 생물인 '광합성 세균'과 '시아노박테리아'가 그것이다.

질소고정이 가능한 이들 생물은 질소고정효소(nitrogenase)라는 효소를 가지고 있다. 질소고정효소의 활성 중심을 구성하는 금속으로는 크게 몰리브데넘, 바나듐, 철, 이렇게 세 가지 형태가 있다. 질소고정이 가능한 생물은 질소고정효소에 의해 질소 분자로부터 암모니아를 합성한다.

인류는 1912년에 개발된 하버-보슈법(Haber-Bosch Process)으로 공기 중의 질소를 이용한 암모니아 합성에 성공하면서 비료와 화약 등을 제조할 수 있게 되었다.

비료의 3요소는 질소, 인, 포타슘이다. 그중에서도 질소는 식물 세포에서 중요한 작용을 하는 단백질의 성분 원소다. 질소분이 부족해지면 잎과 줄기의 생육이 나빠지고 잎사귀 색이 노랗게 변한다.

8 O 산소

Oxygen | 원자량 16.00
그리스어인 '신맛이 나다(oxys)' + '생성되
다(gennao)'에서 유래.

산소는 '산(酸)의 근원(素)'?

무색, 무미, 무취의 기체다. 활성이 크므로 많은 원소들과 화합하여 산화물을 만든다. 공기의 약 21%는 산소로, 많은 생물들이 공기 중의 산소 또는 물에 녹은 산소를 체내에 흡수하며 생명활동을 유지한다. 그중 일부가 반응성이 높고 불안정한 활성 산소로 변하여 노화와 유전자 손상, 염증 등의 원인으로 작용하기도 하지만, 우리 몸속에는 활성 산소에 대한 방어 기전 또한 존재한다.

산소는 해양에는 물의 형태로, 암석 중에는 이산화 규소 등의 화합물의 형태로 존재한다. 따라서 지각에 있는 원소들 가운데 가장 많은 원소는 산소다.

공업적으로는 공기를 냉각해 만든 액체 공기를 끓는점의 차이에 의해 산소와 질소로 분리해 제조한다. 산소는 제철소에서 강철을 제조할 때 가장 많이 사용된다. 그다음으로는 고온의 화염으로 강철 등을 절단하거나 용접할 때 산소 아세틸렌 버너 또는 의료 용도로 사용된다.

산소라는 이름은 1779년 프랑스 화학자 라부아지에(Antoine Laurent Lavoisier, 1743~1794)가 'oxygene'이라고 이름 붙인 것으로, 직역하면 '산을 만드는 것'이라는 뜻이다.

라부아지에는 황, 인, 탄소를 태워 물에 녹이면 산이 만들어진다는 사실을 확인하고 산에는 반드시 산소가 포함되어 있다고 생각했다. 이후 염화 수소 등 산소가 없는 산이 있고, '산의 근원'은 수소라는 사실이 밝혀졌지만, 여전히 산소라는 명칭은 그대로 사용되고 있다.

액체 산소는 자석에 붙는다!

액체 산소는 옅은 푸른색을 띠며, '상자성(常磁性, 외부에서 자기장을 걸어주면 자기화되어 자석처럼 되었다가 외부 자기장을 제거하면 자성이 사라지는 자기적 성질 중 하나)'이라는 성질이 있어 강한 자석에 붙는다.

액체 산소에는 주의해야 할 위험한 성질이 있는데, 탄소 가루나 면(綿) 등 가연성 물질과 함께 놓고 불을 붙이면 폭발적으로 연소한다는 것이다. 밀폐 용기 안에서 가연성 물질과 함께 불을 붙이면 대폭발을 일으키는데 대학의 화학연구실이나 물리연구실에서 이로 인한 폭발사고가 종종 일어나기도 한다. 예전에는 이러한 성질을 이용한 '액산폭약(液酸爆藥)'이 다이너마이트 대신 공사 현장에서 사용되기도 했다.

오존층은 유익하지만 오존은 유해하다

성층권(고도 10~50km)에는 산소 동소체인 오존(O_3)이 최대 0.0001% 정도 함유된 오존층이 형성되어 있다. 오존층은 오존 밀도가 상대적으로 높을 뿐 양이 그리 많은 것은 아니다. 오존층의 존재량을 1기압으로 환산하면 겨우 0.3~0.4cm의 두께밖에 되지 않는다. 이렇게 얇은 오존층이 생물에 유해한 자외선을 흡수한다. 해양 중의 광합성 식물들이 생산한 산소가 대기 중으로 퍼지고 상공으로 더 높이 올라가 태양의 유해한 자외선을 흡수하는 오존층을 형성한다. 이 오존층 덕분에 지상에서 생물들이 살아갈 수 있는 환경이 조성되었다.

그런데 근래 들어 오존층 파괴로 구멍이 뚫리는 오존홀 현상이 큰 문제가 되고 있다.

복사기를 오래 사용하거나 전기용접을 하면 일시적으로 방전이 일어나면서 공기 중 산소 분자가 오존 분자로 바뀐다. 이때 독특한 냄새가 나는데 이것이 오존취(臭)다. 오존은 산화력이 강하여 인체에 유해하다.

9

F 플루오린

Fluorine | 원자량 19.00
라틴어의 '흐르다(fluo)'에서 유래.
플루오린을 함유한 광석인 형석(螢石)이
용광로에 남은 찌꺼기를 잘 흐르게 만드는
데서 붙여짐.

플루오린 발견에 얽힌 비극

할로젠족(주기율표의 17족에 해당하는 원소들) 가운데 가장 가벼운 기체로 담황색을 띠며 특유의 냄새가 있다. 반응성이 풍부하고 산화작용이 강하며 맹독성이다.

원자가 다른 원자와 결합할 때 자기 쪽으로 전자를 끌어당기는 힘은 원자에 따라 강약 정도가 모두 다르다. 이 전자를 끌어당기는 힘의 강약을 나타내는 척도를 '전기 음성도'라고 하며, 플루오린이 가장 크다. 비활성 기체인 제논이나 크립톤에도 플루오린 함유 화합물이 있을 정도로 플루오린은 거의 모든 원소를 산화시켜 플루오린화물을 만드는데, 이는 플루오린의 전기 음성도가 매우 크기 때문이다.

플루오린의 발견에는 비극적인 일화가 있다. 1800년에 이탈리아의 알레산드로 볼타(Alessandro Volta, 1745~1827)가 전지(볼타전지)를 발명했다. 이 볼타전지를 이용해 영국의 험프리 데이비(Humphry Davy, 1778~1829)는 전기분해로 1806년부터 포타슘, 소듐, 칼슘, 스트론튬, 마그네슘, 바륨, 붕소를 차례로 분리해냈다. 그런데 1813년에 실시한 실험에서 전기분해로 용출된 플루오린을 흡입해 중독되고 말았다. 아일랜드의 크녹스 형제도 실험 도중에 플루오린에 중독되어 그중 한 명은 3년 동안 병석에서 일어나지 못했다.

그 후로도 수많은 화학자들이 플루오린 분리에 도전하다 희생되었는데, 1886년 프랑스의 헨리 무아상(Henri Moissan, 1852~1907)이 드디어 최초로 플루오린 분리에 성공했다. 플루오린화 포타슘을 무수(無水) 액체 플루오린화 수소에 녹인 용액을 백금 전극으로 전기분해하여, 형석 결정으로 만든 포집 용기에 담아냄으로써 미량의 플루오린을 얻어낸 것이다. 무아상은 이 업적을 인정받아 1906년 노벨화학상을 수상했다.

치약 속의 '플루오린'

치약에 첨가된 플루오린은 플루오린화 소듐(NaF) 또는 모노 플루오로인산 소듐(Na_2PO_3F)과 같은 플루오린 화합물로, 치아 법랑질에 작용해 치아를 단단하게 만드는 효과가 있다. 충치 예방 목적으로 치과에서 플루오린 화합물을 치아에 도포하기도 한다.

단, 플루오린 화합물이 치아 자체에 유익한지에 대한 여부는 논란의 여지가 있다. 출생 후 만 8세까지의 치아 형성기에 고농도 플루오린 화합물을 함유한 물을 마시면 치아 에나멜질에 백색반점이나 얼룩, 심할 경우에는 갈색 반점이 생기면서 불규칙하게 착색되는 반상치가 생길 위험이 있는 것으로 알려져 있다. 아프리카나 인도 지역의 수돗물처럼 원래부터 실제 플루오린 함유량이 많은 경우도 있다.

유리를 녹이는 플루오린화 수소산

필자는 오랜 기간 화학 교사로서 중고등학교에서 학생들을 가르친 경력이 있다. 그 당시 겁이 나서 못한 실험들이 몇 가지 있었는데, 플루오린을 발생시키는 실험과 플루오린화 수소가 생성되는 실험이 그것이다. 플루오린과 수소를 암실에서 1:1로 혼합해 빛이 통과되지 않도록 덮개를 씌우고 잠시 후에 암실에서 꺼내어 덮개를 거두면 폭발이 일어난다. 플루오린화 수소를 물에 용해시켜 약 50% 수용액으로 만든 것을 플루오린화 수소산이라고 부르는데, 이 용액도 별로 다루고 싶지 않은 실험재료였다.

플루오린화 수소산은 유리를 녹이므로 유리 용기에 보관할 수 없고 폴리에틸렌이나 테플론 용기에 넣어 보관해야 한다. 유리판에 파라핀을 바른 후 철심으로 깎아내듯 글씨나 그림을 그리고 플루오린화 수소산을 도포하면 파라핀이 벗겨진 유리 부분만 녹는다. 잠시 방치하고 물로 씻으면 녹은 부분이 움푹 파이는데, 도포했던 파라핀을 제거하면 글자와 그림이 유리판에 조각된다. 실험에서 사용하는 유리 기구의 눈금들은 이런 방식으로 새겨진다.

플루오린화 수소산은 강한 부식성이 있어 유리의 광택 제거, 반도체 에칭(반도체 기판에 소자를 배치하는 가공을 할 때, 필요 없는 부분을 부식 등으로 제거하는 기술), 금속의 산 세정 등 공업 용도로 광범위하게 쓰인다. 피부에 닿기만 해도 괴사를 일으키며 뼈까지 녹인다. 2013년 일본에서는 어떤 남성이 짝사랑하던 여성의 신발 안에 플루오린화 수소산을 부어놓는 바람에 여성의 발가락 다섯 개가 절단된 사건이 뉴스로 보도되기도 했다.

꿈의 물질 프레온의 대반전

프레온(Freon)은 한 개 또는 두세 개 연결된 탄소 원자에 플루오린 원자와 염소 원자가 결합된 화합물들의 총칭이다. 쉽게 기화되고 무독하며, 불연성의 성질 때문에 예전에는 꿈의 물질로 각광받았다. 그래서 냉장고나 에어컨 냉매, 스프레이 용매, 반도체 기판의 세정제 등으로 사용되었다.

그러나 이후 프레온이 지구대기의 오존층을 파괴하는 주요 원인으로 밝혀지면서 논란의 대상이 되었다. 성층권에 도달한 프레온은 분해하는 과정에서 오존의 산소를 빼앗아 오존층을 파괴한다. 이에 따라 각국은 프레온 제조를 금지함과 동시에 대체 물질로 신속히 교체함으로써 그 문제에 대응하고 있다. 프레온 대체 물질은 모두 강력한 온실 효과 가스(태양열을 지구에 가두어 지표를 뜨겁게 하는 기체)이므로 사용 후 회수가 의무화되어 있다. 선진국에서는 프레온 대체 물질도 2020년부터는 전면 폐지할 예정으로, 새로운 냉매 개발이 시급한 실정이다.

열이나 약품에 강한 플루오린 수지

플루오린 수지는 플루오린 원자를 함유한 합성수지의 총칭으로, 테플론(개발사인 미국 듀폰사의 상품명으로, 폴리플루오린화 에틸렌이 정식 명칭) 등이 있다. 플루오린 수지로 가공한 조리 기구로는 프라이팬, 전기밥솥, 핫플레이트, 냄비 등이 있으며, 이는 음식이 달라붙지 않아 적은 양의 기름이나 기름이 없이도 조리가 가능하고 조리 후 세척이 용이하다는 장점이 있다.

10

 네온

> Neon | 원자량 20.18
> 새로 발견된 원소라는 뜻에서 그리스어의
> '새로운(Neon)'에서 유래.

옥외광고를 빛나게 하다

비활성 기체 중 하나이며 무색무취의 기체다. 화학적으로 비활성이기 때문에 화합물이 없다.

대기 중에 0.0018% 함유되어 있다. 대기 중에는 아르곤 다음으로 비율이 높은 비활성 기체다.

비활성 기체인 네온은 낮은 압력으로 방전하면 아름다운 빨간색 빛을 낸다. 이것이 네온사인으로 이용된다. 네온사인의 빨간색 불빛은 네온 가스를, 밝은 백색이나 파란색, 초록색 불빛 등은 아르곤과 수은 가스를 봉입하여 유리 내부에 형광체를 도포해 빛을 낸다. 짙은 색 불빛은 착색 유리관을 사용해 빛을 낸다.

1907년 프랑스의 화학자 조르주 클로드(Georges Claude, 1870~1960)가 액체화한 공기 중에서 비활성 기체인 아르곤과 네온을 대량으로 추출하는 데 성공했고, 그 3년 뒤에는 네온사인을 최초로 공개했다.

세계 최초로 네온에 의한 광고판이 등장한 곳은 1912년 파리의 몽마르트 거리에 있는 작은 이발소였다.

칼럼

원소와 원자 ②

만물이 원자로 이루어져 있다는 사실을 알게 되면서 점차 원자를 바탕으로 원소를 정의하게 되었다.

원소에 대응하는 원자가 각각 존재하므로 현재 원소는 원자의 종류를 의미한다.

자연에 존재하는 원소는 약 90종류이며, 인공적으로 합성한 원소까지 포함하면 현재 118종류의 원소가 존재한다. 각 원소마다 주기율표에서 각각 한 칸씩 자리를 차지하고 있다.

11

Na 소듐

Sodium | 원자량 22.99
라틴어의 natron(탄산 소듐)에서 유래.
Sodium은 아라비아어의 suda(두통약)
에서 나온 말이다.

소듐 덩어리를 물에 넣으면……

알칼리족에 속한 부드러운 은백색 금속이다. 공기 중의 산소와 결합하고 물과 격렬하게 반응하는 등 쉽게 화학반응을 일으키므로 등유(燈油) 속에 보관한다.

소듐 화합물을 무색 불꽃에 넣어 가열하면 황색의 불꽃반응이 나타난다. 터널의 황색 조명이 바로 소듐 램프다.

염화 소듐은 암염(巖鹽)이나 해수 중에 함유되어 있다. 염화 소듐은 우리에게 소금으로 알려진 매우 친숙한 소듐 화합물이다. 조미 성분인 글루타민산 소듐이나 베이킹파우더에 들어 있는 탄산수소 소듐(중조), 비누 등은 모두 소듐 화합물이다. 또 세제나 식품첨가물 성분 표시에 '~소듐' '~Na'이라고 쓰여 있는 성분들은 모두 소듐 화합물이다.

보통 세포외액에는 소듐 이온이, 세포내액에는 포타슘 이온이 많으며, 이 원자들이 쌍을 이루면서 다양한 조절 기능에 관여한다.

필자가 고등학생이었을 때 과학 선생님한테 소듐을 처리하라는 지시를 받은 적이 있었다. 선생님이 건네준 병 안에는 등유가 휘발되어 표면이 딱딱하게 굳어버린 소듐 덩어리가 몇 개 들어 있었다.

당시 학교 교정에는 개천이 흐르고 있었는데, 먼저 작은 소듐 덩어리부터 개천에 던졌다. 그러자 소듐이 폭발하면서 물기둥이 솟았다. 그다음에는 큰 덩어리를 던졌더니 더 크게 폭발하며 큰 물기둥이 솟아올랐다. 이런 식으로 소듐 덩어리를 전부 개천에 던져버렸다.

그 개천은 물이 너무나 오염되어 있어 물고기가 절대 살 수 없는 수질이었다. 폭발할 때에도 튀어오르는 물고기는 한 마리도 없었다. 소듐은 물과 반응하여 수소와 수산화 소듐을 생성한다. 아마도 개천 물은 부분적으로 강한 알칼리성을 띠면서 수질이 분명 더 나빠졌을 것이다. 절대로 따라하지 말기 바란다.

학교 과학 시간에 수소 발생을 확인하는 실험으로 콩알 크기의 소듐을 물에 넣는 실험을 한다. 소듐을 물에 넣으면 수소가 뽀글뽀글 발생하면서 수면 위를 뱅글뱅글 돌다가, 무색투명한 둥근 구슬이 되고 마지막에 '폭'하고 물이 튄다. 이때 튀는 용액은 액체 상태가 된(용해된) 수산화 소듐으로 눈에 들어갈 경우 실명할 위험이 있으므로 반드시 뚜껑을 닫고 실험하도록 한다.

염화 소듐으로 팝콘에 짭짤한 맛을 내다

미국에서 출간된 『매드 사이언스(*Mad Science*)』라는 책을 읽고 있는데 '격렬한 방법으로 소금 만들기'라는 주제가 눈에 띄었다.

책 속 사진에는 염소 가스통에서 반응용기로 흘려보낸 염소 가스가 반응용기 안의 소듐과 반응하면서 하얀 연기를 격렬하게 내뿜고 있었고, 반응용기 위에는 팝콘이 든 플라스틱 망이 매달려 있었다.

부드러운 은백색 금속인 소듐이 들어 있는 반응용기에 염소 가스를 흘려보내는 실험이었다. 즉, '소듐+염소 → 염화 소듐'의 반응이 격렬하게 일어나면서 하얀 연기로 변한 염화 소듐으로 팝콘에다 짭짤한 맛을 내게 하는 실험이었다.

필자의 지인인 다카하시 노부오[高橋信夫]가 이 책을 일본어로 번역했는데, 그가 저자로부터 직접 들은 뒷이야기로는 하얀 연기의 온도가 너무 높아 플라스틱 망이 녹아버리는 바람에 팝콘이

쏟아져 애를 먹었다고 한다.

필자는 좀 더 규모가 작은 실험으로 소듐과 염소로 염화 소듐을 제조한 적이 있다. 소듐을 넣은 시험관을 가열하고 여기에 염소 가스를 흘려보내면 시험관 안에서 격렬한 반응이 일어나면서 염화 소듐이 생성된다.

천연소금 만드는 방법

소금 제조는 선사시대부터 이미 이루어졌다고 한다. 모래땅에 해수(海水)를 뿌리면 물이 증발하면서 소금 결정이 생기므로 고대의 기술 수준으로도 얼마든지 소금 제조가 가능했을 것이다.

해수에는 주성분인 식염(염화 소듐) 외에 간수로 알려진 미네랄 성분도 포함되어 있다. 따라서 해수를 단순히 증발시키면 간수 성분이 섞여서 쓴 소금, 고염(苦鹽)이 되어버린다. 이것이 우리가 흔히 '간수'라고 부르는 소금이다.

그러므로 소금에 최대한 간수 성분이 들어가지 않게 하는 것이 중요하다. 다행히 해수를 졸이면 염화 소듐이 먼저 석출되어 나온다. 그러나 간수 성분이 어느 정도 포함되는 것은 불가피한데, 이 미량의 쓴맛이 오히려 천연소금의 맛을 더욱 풍부하게 만든다. 또한 영양학적으로 마그네슘 등의 미네랄을 보충하는 역할을 한다.

그러나 여전히 문제가 남아 있다. 해수에 염분이 포화되는 농도는 물에 대해 약 30% 정도여야 하는데, 해수의 염분 농도는 약 3.5%로 열 배 가까이 농축시켜야 한다. 이를 전부 땔감으로 졸이면 비용이 너무 많이 든다. 따라서 미리 진한 해수인 함수(鹹水)를 사용하여 다른 방법으로 만들어야 한다.

지금으로부터 약 1200년 전까지는 건조시킨 해조류 표면의 염분을 토기로 반복해서 긁어내거나, 태운 해조류 재(灰)를 해수에 녹여 천으로 여과시켜 함수를 만들었다.

그 후에는 모래로 만들어진 염전에다 해수를 뿌리고 젓는 과정을 수차례 반복하고, 햇빛으로 물을 증발시켜서 염분이 묻은 모래를 긁어모아서 해수로 씻어낸 것을 함수로 사용했다.

그러다가 소금모래 대신 펌프를 이용하여 해수를 입체적인 가지 모양 장치로 보내고, 햇빛과 바람을 장치에 있는 해수에 쐬어 수분을 증발시켜 함수를 만들었다. 그리고 이 함수를 다시 장치로 보내어 농축시키는 과정을 반복했다. 이 방법을 사용하게 되면서 소금모래를 젓는 수고가 줄어들어 생산성이 현저하게 향상되었다. 또한 바람에 의한 수분 증발이 가능해졌기 때문에 날씨가 안 좋아도 일정량의 소금을 생산할 수 있게 되었다.

1970년대부터는 이온교환 막이라는 기능성 고분자 막을 이용해 함수를 만들고, 농축시킬 때 진공 증발법을 이용해 연료를 절

약하고 있다.

소듐 유출로 인한 화재 사건

1995년 12월 8일 일본의 고속증식 원자로(고속중성자를 사용하여 핵분열을 일으키는 형식의 원자로)인 '몬주'(전기출력 28만kW)에서 냉각제로 쓰이는 소듐이 유출되면서 화재가 일어났다.

이 원자로는 냉각제로 물이 아니라 용융(융해)한 액체 소듐을 사용하고 있었다. 사고는 배관에 삽입된 온도계 접속 부분이 부

칼럼

동위원소 발견 이후 원소의 개념이 명확해지다

'일반적인 화학적 방법으로 더 이상 분리할 수 없는 물질을 원소라 한다'는 정의는 실험에 있어서는 한계가 있다. 서로 동위원소 관계에 있는 수소(경수소)와 중수소는 전기분해라는 일반적인 화학적 수단을 반복하면 분리가 가능하기 때문에 이 정의에 따른다면 수소와 중수소는 다른 원소가 돼버린다.

그래서 실험이 아니라 원자가 가지고 있는 성질로 원소를 정의한다면 '원소란 원자핵의 양성자 수로 분류한 원자의 종류를 말한다'가 된다. 실제로 아직까지 '원소'라는 단어는 애매하게 사용되고 있다. '산소'라고 말할 때 위에서 말한 것과 같은 원소의 의미인지, 아니면 오존과 구별되는 산소 원자만으로 이루어진 홑원소 물질의 의미인지, 산소 분자 또는 산소 원자라는 의미인지 문맥으로 추측할 수밖에 없다.

러지면서 일어났다. 관에서 배관실로 흘러나온 소듐이 공기 중의 수분과 반응하면서 화재가 발생한 것이다.

　고속증식로는 핵연료로 사용할 수 없는 우라늄 238을 핵연료인 플루토늄 239로 효율적으로 변환함으로써 소모한 것보다 더 많은 연료를 만들어낼 수 있어 '꿈의 원자로'로 불렸다. 그러나 미국, 영국, 프랑스, 독일 등 이제까지 고속증식로를 연구해온 다른 국가는 냉각에 사용하는 소듐을 취급하기가 어렵다는 이유로 이미 계획을 중단했으며, 일본 정부도 2016년 12월 몬주의 폐로 방침을 최종 확정했다.

12

Mg 마그네슘

Magnesium | 원자량 24.31
그리스어의 Magnesia(지명)에서 유래.
마그네시아에서 채굴된 하얀 암석으로
부터 마그네슘을 얻음.

불꽃놀이의 은백색 불빛

은백색을 띠는 금속이다. 예전에는 카메라 플래시에 사용되었
다. 분말이나 실, 리본 상태의 마그네슘에 불을 붙이면 산소와 결
합해 고온이 되면서 섬광을 일으킨다. 마그네슘은 실용 금속 가
운데 알루미늄과 철 다음으로 지각에 존재하는 양이 많은 원소
다. 세계적으로 볼 때 마그네슘 용도의 절반가량은 알루미늄을
기초로 한 합금(예를 들어 두랄루민, 77쪽 참조)에 첨가하기 위해 쓰
인다.

그다음으로는 경량화를 목적으로 한 다이캐스트(die casting)에

사용하는 수요가 늘어나고 있다. 다이캐스트란 녹여서 액체로 만든 금속을 금형에 가압주입(加压注入)해서 응고시킨 다음 빼내는 주조법을 말한다. 자동차에는 포일, 스티어링 칼럼(steering column), 시트 프레임(seat frame) 등에 쓰이며, 휴대용으로는 노트북 PC의 케이스, 카메라, 휴대전화 등에 쓰인다.

모든 녹색 식물에는 마그네슘이 함유되어 있다. 식물의 녹색 색소는 마그네슘 화합물(클로로필)이 띠는 색깔이기 때문이다. 클로로필은 식물 광합성에 반드시 필요한 화합물이다. 마그네슘은 동물에게도 반드시 필요한 금속 원소 가운데 하나다.

마그네슘의 연소는 불꽃놀이 폭죽에도 쓰인다. 불꽃놀이는 밤하늘에 수많은 '별들'을 흩날린다. 그 별들이 뿜어내는 아름다운 빛들은 대부분 원소들의 불꽃반응을 이용한다. 그중에 은(백)색으로 빛나는 별도 있는데, 이는 불꽃반응이 아니라 마그네슘과 알루미늄 등의 금속 분말이 연소되어 고온이 되었을 때 광채가 더해진 것이다.

마그네슘 덕분에 아름다운 불꽃놀이를 볼 수 있어.

두부를 만들 때 쓰이는 간수 성분

간수는 해수를 졸여서 식염을 추출한 뒤 남은

쓴맛이 나는 부산물로, 염화 마그네슘이 주성분이다. 두부를 만들 때 대두를 짠 콩물을 굳히는 데 사용하는 것이 바로 간수다.

현대에 쓰이는 두부의 응고제에는 염화 마그네슘(간수)뿐만 아니라 황산 칼슘, 글루코노 델타락톤(glucono-δ-lactone), 염화 칼슘, 황산 마그네슘 등 다양한 것들이 있으며 식품의 포장에 적힌 성분 표시를 통해 확인할 수 있다.

경수와 연수

사람이 마시는 물은 경도(硬度)에 따라 경수와 연수로 분류된다. 칼슘이나 마그네슘 성분이 많이 들어 있는 물이 경수(硬水), 별로 들어 있지 않은 물이 연수(軟水)다. 수돗물이나 생수의 수원이 석탄암 지대이면 그 물은 경수가 된다.

예를 들어 일본 오키나와는 산호초로 이루어진 섬인데, 산호의 본체는 석회질 껍질로, 그 속을 통과한 물은 칼슘 성분을 다량으로 함유하므로 오키나와 물은 경수다. 그러나 일본 본토는 일반적으로 연수인 경우가 대부분이다. 한편 마그네슘을 다량으로 함유한 물은 설사를 일으키며, 마그네슘 화합물은 변비 예방약과 하제(下劑, 설사를 일으키는 약)로 이용된다.

13 AI 알루미늄

Aluminium | 원자량 26.98
고대 그리스와 로마에서 명반을 alumen
(쓴 소금)이라 불렸던 데서 유래.

1엔 동전은 1엔으로 만들 수 없다?

알루미늄은 은백색을 띤 가벼운 금속이다. 부드럽고 연성(당기면 늘어나는 성질)과 전성(두드리면 펴지는 성질)이 뛰어나 얇은 금박으로 쉽게 가공된다. 가정용 알루미늄 포일은 순도 99%의 알루미늄이며 1엔 동전은 거의 순도 100%의 알루미늄이다.

알루미늄은 가볍고 전기가 잘 통하므로 고압 전선에 사용된다. 열전도성도 뛰어나 냄비나 주전자로도 사용된다. 청량음료와 맥주 캔으로도 친근하다. 빛을 잘 반사하기 때문에 도로반사경이나 천문대 반사망원경의 거울로도 쓰인다. 나폴레옹 시대에는 금보다 비싼 고가의 금속이었지만 지금은 우리 주변에서 흔히 볼 수 있는 금속이다.

그 용도가 매우 다양한 이유는 표면이 산화 알루미늄의 치밀한 (꽉 찬) 피복으로 덮여서 잘 녹슬지 않기 때문이다. 두랄루민(Duralumin)은 알루미늄에 4%의 구리와 소량의 마그네슘 또는 망가니즈 등을 첨가한 합금으로, 가볍고 매우 견고해 항공기 기체용으로 사용된다.

한편 수산화 알루미늄은 위산(염산)을 중화하는 성질 때문에 위장약으로 쓰인다.

1엔 동전은 순 알루미늄으로 바깥지름 20mm, 무게는 정확히 1g, 두께는 약 1.5mm다. 정확히 1g이라는 무게 때문에 미국 과학 교구 사이트에서 과학실험 추로 판매되는 것을 본 적이 있다.

동전의 원가는 공개되지 않았기 때문에 동전 하나를 제조하는 비용을 정확히 알 수는 없다. 하지만 1엔 동전을 제조하는 데 적자가 나는 것은 확실한 듯하다. 원료인 알루미늄 원가는 거의 1엔 정도이고, 1엔을 찍어내는 데 드는 제작 비용까지 합하면 2~3엔 정도가 될 것으로 추정된다.

알루미늄 포일의 앞뒷면

가정에서 흔히 쓰는 알루미늄 포일은 앞면과 뒷면이 있다. 앞면은 반들반들한데 뒷면은 앞면에 비해 까끌까끌하다. 포일의 앞면과 뒷면은 알루미늄 포일을 얇게 만드는 과정에서 생긴다.

알루미늄 포일은 먼저 알루미늄 덩어리를 가열해 잘 늘어나도록 만든 후 몇 단계에 걸쳐 롤러로 점차 얇게 펴면서 제조한다.

가정용 알루미늄 포일의 두께는 약 0.015~0.02mm로 매우 얇다. 한 장씩 만들면 그렇게 얇게 펴기가 어려우며 한계가 있다. 그래서 어느 정도 편 다음 마지막 단계에서 두 장을 겹친 후 이를 펴서 더욱 얇게 만든다. 다 펴고 난 후 겹쳤던 두 장의 알루미늄 포일을 떼낸다. 이때 알루미늄과 알루미늄이 닿았던 면은 광택이 덜하고, 롤러와 닿았던 부분은 롤러에 의해 연마되면서 광택을 띤다. 이렇게 알루미늄 포일의 앞면과 뒷면이 생긴다.

스물두 살 청년의 발견

1807년 영국의 화학자 험프리 데이비는 소듐과 포타슘을 분리해냈다. 이미 발명된 볼타전지를 이용해 수산화 소듐 및 수산화 포타슘을 융해시켜 액체 상태로 만든 다음 전기분해한 것이다.

환원력이 큰 소듐과 포타슘은, 당시 화합물에서 분리해낼 방법이 없었던 금속들을 분리해내는 강력한 수단이 되었다. 알루미늄도 처음에는 이러한 방법으로 추출되었다. 이렇게 추출해낸 알루미늄은 금보다 더 비쌌다.

지금은 어떤 방법으로 추출되고 있을까?

보크사이트(Bauxite)는 알루미늄을 다량으로 함유한 광석으로, 산화 알루미늄(알루미나)을 40~60% 함유하고 있다. 이를 정제해 알루미나(순수한 산화 알루미늄)를 추출한다. 그러나 알루미나는 융해하는 데 2000℃ 이상의 고온이 필요하므로 융해에 의한 전기분해가 어렵다.

이 난제에 도전한 청년이 미국의 찰스 마틴 홀(Charles Martin Hall, 1863~1914)이었다. 그는 대학 때부터 연구에 착수했고 대학을 졸업한 후에는 아버지가 마련해준 나무 오두막에서 실험을 계속했다. '혹시 알루미나를 녹이는 물질이 있을지도 몰라. 그것만 찾아낸다면 대성공이지.' 이렇게 생각한 그가 주목한 것은 빙정석(氷晶石)이었다.

빙정석은 소듐과 알루미늄, 플루오린으로 이루어진 화합물로, 그린란드에서 채굴되는 유백색의 광석 덩어리다.

융해점이 약 1000℃인 빙정석을 융해시켜 그 액체 속에 알루미나를 넣은 결과 약 10%에 이르는 알루미나가 용출되었다. 그리고 그 액체에 전극을 꽂아 전기분해한 결과 금속 알루미늄이 음극에서 석출되었다. 이것이 1886년의 일이었다. 두 달 뒤에는 우연하게도 프랑스의 폴 루이 에루(Paul Louis T. Heroult, 1863~1914)가 같은 방법을 발견해냈다. 두 사람은 각각 독립적으로 똑같은 방법을 발견해냈다. 게다가 스물두 살로 동갑이었다. 둘은 각각 자기 나라에서 특허를 냈다.

현재 사용되고 있는 알루미늄의 공업적 생산 방법은 이 두 사람이 발견한 방법 그대로 이용되고 있다. 이 방법은 그들의 이름을 따서 '홀-에루(Hall-Heroult) 공정'이라 불린다. 하지만 생산 과정에서 많은 전기가 소모되기 때문에 알루미늄을 '전기 덩어리' 또는 '전기 통조림'이라 부르기도 한다. 따라서 재활용이 매우 중요하다. 금속 알루미늄의 세계 연간 생산량은 약 2000만t인데, 거의 비슷한 양이 재활용되고 있다.

알루마이트 가공

알루미늄은 공기(산소)나 물과 쉽게 반응하는 금속으로 자연에 방치하면 그 표면에 매우 치밀한 막이 형성된다. 이 막은 알루미늄과 공기 중의 산소가 결합하면서 생긴 산화 피막으로, 이른바 '녹'과 비슷한 것인데 이 막에 의해 더 녹스는 것이 방지된다.

이 산화 피막을 인공적으로 두껍게 만들면 더욱 견고해진다. 이것이 알루미늄 제품, 예를 들면 알루미늄 섀시 표면에 가공된 알루마이트(alumite) 가공이다. 알루마이트란 산성 수용액 중에서 알루미늄을 양극으로 하여 전기분해해 산화 피막을 알루미늄에 두껍게 입힌 것이다.

알루마이트 가공은 일본인에 의해 발명된 가공법이다. 알루미늄 재질의 도시락 통에도 내구성을 위해 알루마이트 가공처리가 되어 있다.

견고한 알루미늄 합금, 두랄루민

두랄루민은 알루미늄 합금으로 잘 알려져 있다. 알루미늄 외에 구리가 약 4%, 기타 마그네슘이나 망가니즈, 규소 등이 미량 함유 되어 있다. 500℃ 정도로 가열한 다음 급랭시켜 방치하면 고온에서 합금원소가 알루미늄에 녹아 하나의 고체가 된다. 하지만 시간이 지나면서 알루미늄 원자와 구리 원자가 2:1 비율인 결정이 석출되기 시작한다. 그러면 결정 안에는 변형이 생겨 딱딱해지면서 매우 견고해진다. 이와 같은 현상을 시효경화(age-hardening, 금속재료를 일정한 시간과 적당한 온도 하에 놓아두면 단단해지는 현상)라고 하는데, 1910년경 독일의 알프레드 빌름(Alfred Wilm, 1869~1937)이 우연한 계기로 발견했다.

두랄루민은 항공기의 뼈대로 제1차 세계대전 때 독일군이 사용했다. 성능을 개량한 초두랄루민, 초초두랄루민이 있다.

초초두랄루민은 1936년에 일본 스미토모 금속공업이 개발한 것으로, 제로기(Zero Fighter, 제2차 세계대전 때 쓰인 일본의 함상전투기)의 주익으로 사용되었다. 현재 두랄루민은 더욱 개량되어 가장 강력한 알루미늄 합금이 되었다.

수국의 색 변화와 알루미늄

수국의 꽃잎 색은 변하는 것으로 유명한데 꽃잎 색소의 주성분
은 안토시아닌(anthocyanin)이다. 수국은 같은 그루에 피어 있는
꽃들이라도 색이 서로 다르거나, 꽃이 피기 시작하고 질 때까지
계속 색이 바뀌기도 한다. 이는 수국이 자라는 토양의 산성과 알
칼리성의 비율에 관련이 있다. 수국에 함유된 보조색소가 토양에
함유된 알루미늄의 양에 영향을 받기 때문이다. 산성 토양에서는
푸른색을 띠고 산성이 약해지면(즉 염기성) 붉은색을 띠게 된다.

14

Si 규소

Silicon | 원자량 28.09
라틴어의 silex(화타석)에서 유래. 네덜란
드어의 keiaard를 음역(音譯)한 규토가 규
소의 어원이다.

실리콘(Silicon)과 반도체

회색 금속 광택을 가진 결정이다. 처음에는 금속으로 오해받았으나 그 정체는 반도체로 밝혀졌다. 그래서 반도체 소자재료와 태양전지의 재료로 많이 사용되고 있다. 현대의 컴퓨터에서 핵심 전자회로의 대부분이 규소로 만들어진 반도체다. 전자정보산업이 집약되어 있는 미국 캘리포니아 주 북부 지역이 실리콘 밸리라 불리는 것은 실리콘, 즉 규소가 반도체 재료의 주인공이기 때문이다.

지구의 주요 구성요소로서 지각 중에 다량 존재한다. 지각 중에 존재하는 원소 중 규소는 산소 다음으로 많은 원소다.

대표적인 광물은 석영(이산화 규소)이다. 석영 중에서도 결정 외형을 나타내는 것을 수정이라고 부른다. 석영은 영어로 쿼츠(quartz)라고 하는데, 정확한 시각을 나타내는 쿼츠시계에 사용된다. 한편 석영유리는 광섬유로서 정보화 사회의 광통신에 아주 중요한 부분을 차지하고 있다. 규소는 유리, 시멘트, 세라믹(도자기)에도 함유되어 있다.

실리콘(silicone)은 규소인 실리콘(silicon)과 산소가 교차로 배열되어 사슬로 결합된 유기고분자 화합물이다. 발음이 규소의 영어 이름인 실리콘(silicon)과 같으므로 혼동하지 않도록 주의해야 한다. 실리콘의 대표적인 예로는 실리콘유, 실리콘 고무, 실리콘 수지 등이 있다. 모두 내열성, 내약품성, 전기절연성, 내노화성(耐老化性)이 뛰어나며, 실리콘 고무는 실링(sealing, 밀봉)제와 치과 치료에서 인상 체득 시 사용된다.

그야말로 현대사회를 지탱하는 기둥과 같은 원소로군.

15

P 인

Phosphorus | 원자량 30.97
그리스어 phos(광) + phoros(운반하는 것)
에서 유래.

성냥과 식물 비료에 사용

인에는 백린(황린), 적린, 흑린 등의 동소체가 있다. 백린은 밀랍 같은 고체이며 악취가 나고, 백색 내지는 황색을 띤 독성이 있는 물질이다. 백린은 습한 공기 중에서 산소와 반응하여 인광(물체에 빛을 쬔 후 빛을 제거하여도 얼마 동안 발광 상태를 유지하는 것)을 일으킨다. 우리 주변에서 흔히 볼 수 있는 인은 성냥갑의 마찰 면에 함유되어 있는 적린이다.

인 화합물은 식물의 비료로도 매우 중요하다. 인이 부족하면 성장이 멈추며 열매를 맺지 못한다. 또한 유기인 화합물 가운데

신경독으로 작용하는 것은 살충제 등으로 쓰인다. 또 다른 유기 인 화합물인 사린(sarin)은 제2차 세계대전 중 나치 독일이 개발한 무색무취의 맹독성 가스로, 1995년 도쿄 지하철 사린가스 사건 (일본의 종교 단체인 옴진리교 신도들이 도쿄의 지하철에서 테러를 일으킨 사건 - 옮긴이)에서 사용된 것으로 알려져 있다.

인체 내에는 체중이 70kg인 성인의 경우 700~780g의 인이 들어 있는데, 뼈나 치아에 들어 있는 인 화합물은 인과 칼슘 등이 함유된 하이드록시 아파타이트(hydroxyapatite)다.

또한 세포 속 유전자의 DNA는 인 화합물과 당이 교대로 길게 배열된 이중나선구조로 되어 있다. 이처럼 인 화합물은 생명활동에 매우 중요한 역할을 담당한다.

초기의 성냥은 나뭇개비에 황린, 산화제, 가연제 등이 모두 한꺼번에 발라져 있어 가볍게 문지르기만 해도 불이 붙었다. 서부 영화에서도 이러한 장면을 본 적이 있을 것이다. 그러나 황린에 독성이 있고 다루기도 위험하므로 1906년에 제조가 전면 금지되었다. 참고로 황린은 백린 표면에 적린이 덮여 있는 것으로 담황색을 띠며, 성분이나 성질은 백린과 같다.

현재의 성냥은 성냥갑의 적갈색 부분이 적린과 황화 안티모니의 혼합물로 도포되어 있다. 성냥개비 끝부분에는 산화제(염소산 포타슘 등)와 가연제(황) 및 마찰재(유리가루)의 혼합물이 발라져 있다. 이러한 성냥을 '안전성냥'이라 부른다. 성냥개비의 머리 부분을 성냥갑 적갈색 부분에 문지르면 마찰열로 적린이 산화되고 그 반응열에 의해 성냥개비의 가연제가 산화제의 도움을 받아 불꽃을 내며 연소된다. 이렇게 성냥개비의 나무 부분에 불이 붙으면서 계속 타오르는 것이다.

16 S 황

Sulfur | 원자량 32.01
라틴어의 sulpur(황)에서 유래.

황 냄새의 정체

황에는 많은 동소체가 있는데 가장 일반적인 것은 황색 결정인 사방황으로 황색의 수지 광택이 있는 결정이다. 그 외에 단사황과 고무황이 있다.

황은 화산의 화구 부근에서 볼 수 있으며 인류 문명의 역사가 시작되기 전부터 인류에게 친숙한 원소다. 온천에서 나온 유황 침전물은 '유노하나'라는 이름의 온천 토산품인 입욕제로 판매된다. 예전에는 화산지대에서 공업용 황을 채취했으나 현재는 석유에 함유된 황을 '탈류'라는 과정으로 제거해 채취한다. 황은 연소하면서 대기오염을 일으키는 이산화 황(아황산 가스)이라는 물질을 발생시키기 때문이다. 이 방법으로 채취한 황만으로도 수요가 충족되므로 천연 황 채취는 더 이상 이루어지지 않고 있다.

산성비는 공기 중의 매연물질인 질소 산화물과 황 산화물이 빗물과 반응해 질산, 아황산, 황산 등이 되어 내리는 것이다.

강산의 하나인 황산도 황으로부터 만들어진다. 황을 태울 때 생성되는 이산화 황을 바나듐 촉매를 이용해 삼산화 황으로 만들고 이를 98% 황산에 흡수시켜 발연 황산 등을 만든다. 이렇듯 황산은 화학제품의 원료로 매우 중요한 물질이다.

마늘, 양파, 고추냉이, 무, 양배추 등의 독특하고 자극적인 냄새는 황 화합물에서 비롯된다. 가스가 누출되는지 바로 알 수 있게 가스에 혼합하는 악취 화합물도 황 화합물이다.

우리 몸을 구성하는 단백질에도 황이 많이 들어 있는데 손톱이나 머리카락에 특히 많다. 파마는 머리카락의 황간 결합을 화학 반응으로 끊고 다시 결합시키는 과정을 통해 이루어진다.

비타민 B_1이나 페니실린 분자에도 황이 포함되어 있다.

온천 주변에서 나는 황 냄새는 정확하게 말하자면 '황화 수소 냄새'로, 황 자체는 무취다. 황화 수소는 흔히 달걀 썩은 냄새로 표현되곤 하는데 실제로 달걀 썩는 상태를 보기 힘들기 때문에 그 냄새가 어떨지 상상하기 어려울 것이다. 그래서 필자는 '완숙으로 삶은 달걀 냄새'라고 설명한다.

생고무와 황의 만남

고무를 처음으로 유럽에 소개한 사람은 신대륙을 발견한 콜럼버스라고 알려져 있다. 1493년 2차 항해에서 푸에르토리코와 자메이카에 상륙했을 때 그는 원주민들이 통통 튀는 공을 가지고 노는 모습을 보고 깜짝 놀랐다고 한다.

생고무는 고온에서 부드럽고 저온에서 딱딱해지는 성질 때문에 다루기 까다로운 면이 있었으나 황을 가하면 고무의 탄력성이 커지면서 견고해진다. 이런 사실이 밝혀지면서 가황(加黃)이라는 공정을 거쳐 고무의 품질이 월등히 향상되었다. 끈 상태로 얽혀져 있는 고무 분자들 사이에 황 분자가 다리 역할을 함으로써 고무에 탄력성이 생기게 하는 것이다. 가황은 고무의 탄성뿐만 아니라 절연성, 불침투성, 내구성을 크게 향상시켰다. 이렇듯 가황은 고무의 실용화 역사상 획기적인 발명이었다. 가황하지 않은 고무(생고무)는 한 번 변형이 일어나면 다시 돌아오지 않지만, 가황하면 탄력성이 증가하면서 모양이 다시 돌아온다.

고무가 탄성체로서 실용화되기 시작한 것은 미국의 찰스 굿이어(Charles Goodyear, 1800~1860)가 1839년 겨울에 우연히 고무에 황을 가해 가열하는 가황 기술을 개발한 뒤부터다.

노벨상 수상자를 감동시킨 실험

시판되는 진한 황산은 농도 약 96%, 밀도 1.84g/cm³(15℃)의 무겁고 점성이 있는 무색 비휘발성 액체다. 진한 황산을 물로 희석하면 열이 발생하므로 희석할 때는 용기 안에 들어 있는 물에다 유리 막대기 등을 꽂고 막대기를 통해 진한 황산을 가만히 넣어야 한다. 진한 황산에 소량의 물을 가하면 발열에 의해 돌비 현상(갑자기 끓는 현상)이 일어나므로 매우 위험하기 때문이다.

진한 황산은 각종 화합물 속의 수소 원자와 산소 원자를 2:1의 비율(즉 물 H_2O와 같음)로 빼내는 이른바 탈수작용을 한다.

진한 황산의 탈수작용을 나타내는 실험 가운데 노벨상 수상자인 다나카 고이치[田中耕一]가 기억에 남는다고 소개한 실험이 있다. 초등학교 때 선생님이 학생들에게 선보인 실험으로 백설탕을 넣은 증발접시에다 진한 황산을 몇 방울 떨어뜨려 관찰하는 실험이었다. 선생님이 설탕에 진한 황산을 떨어뜨리자 마구 증기를 내뿜으며 뭉게뭉게 검은 덩어리가 피어올랐다. 진한 황산이 백설탕 성분의 슈크로스($C_{12}H_{22}O_{11}$)로부터 수소 원자와 산소 원자를 빼내면서 검은 덩어리의 탄소만 남게 되는 것이다.

17 Cl 염소

Chlorine | 원자량 35.45
그리스어의 chloros(황록색)에서 유래.

혼합하면 위험하다!

할로젠족에 속하며 자극적인 냄새가 나는 황록색 기체다. 염소
는 반응성이 매우 크므로 자연계에서는 홑원소 물질의 상태로 존
재하지 않고, 모두 화합물로 존재한다.

소금 성분인 염화 소듐과 염산(염화 수소)은 대표적인 염소 화합
물이다. 플라스틱의 폴리염화 비닐도 염소 화합물이다. 염소계 표
백제나 표백분도 염소 화합물이며, 드라이클리닝 세제에도 염소
화합물이 사용된다.

염소와 염소 화합물은 살균작용이 있어 수돗물과 수영장의 소

독에 쓰이는데, 이때는 건강에 문제를 일으키지 않을 정도의 농도로 사용된다.

폴리염화 비닐 등 염소를 함유한 플라스틱을 소각하면 다이옥신이라 불리는 물질 군이 생성된다. 다이옥신 또한 염소 화합물로, 다이옥신 중에는 독성이 강한 것들이 있다.

우리 몸의 위장에서 분비되어 소화와 살균에 작용하는 위산 역시 염산이다.

겨우 0.003~0.006%의 염산을 함유한 공기를 흡입하는 것만으로도 코와 목 점막에 손상을 일으키며, 그 이상의 농도에서는 피를 토하거나 최악의 경우 사망에 이르기도 한다. 염소를 함유한 표백제와 산성 물질을 혼합하면 유독한 염소가 발생하므로 가정에서 사용하는 표백제에는 이들을 혼합하지 말라는 표시가 되어 있다. 화장실용 산성 세제 성분으로 염산이 들어 있는 것들도 있다. 이와 같은 표백제나 산성 물질은 환기가 잘 안 되는 화장실이나 욕조를 청소할 때 자주 사용되므로 각별히 주의해야 한다.

독가스 병기로 이용된 염소 가스

때는 1915년 4월 22일, 장소는 벨기에 예페르. 독일군과 프랑스군이 정면 대치하고 있는 와중에 독일군 진지에서 황백색 연기가 봄바람을 타고 프랑스군 진지로 날아왔다. 이것이 땅을 파고 만든 참호 안으로 흘러 들어가자 곧바로 병사들이 기침을 하고 가슴을 쥐어뜯더니 비명을 지르면서 차례로 쓰러져갔다. 그곳은 순식간에 아비규환의 지옥으로 변했다. 공기보다 무거운 염소 가스가 바람을 타고 지면을 훑으며 참호 속으로 흘러 들어간 것이다. 독일군은 170t의 염소 가스를 방출했고 이로 인해 프랑스군 5000명이 사망하고 1만 4000명이 중독되었다.

이것이 인류 역사상 최초의 본격적인 화학전이 된 제2차 예페르 전투의 참상이다. 그 이후로 독가스의 성능을 개량한 새로운 화학무기들이 잇따라 개발되었다.

염소를 함유한 플라스틱을 구별하는 방법

불꽃반응을 이용해 폴리염화 비닐이나 폴리염화 비닐리덴(랩)과 같은 염소를 함유한 플라스틱 물질을 집에서도 쉽게 구별해내는 방법이 있다. 이 방법을 바일슈타인 반응(Beilstein's reaction)이라고 한다. 반드시 충분히 환기를 하면서 실시해야 한다.

먼저, 나무젓가락에 가느다란 구리선을 말아 붉게 달구고, 뜨거워진 구리선 부분을 플라스틱에 갖다 대어 플라스틱을 구리선에 녹여 붙인다. 그다음, 플라스틱이 녹아 붙은 부분을 다시 가스레인지 불꽃 속에서 가열한다. 이때 불꽃색이 청록색이면 염소를 함유한 플라스틱이다.

18 Ar 아르곤

Argon | 원자량 39.95
그리스어의 an(부정어) + ergon(일하다),
즉 일하지 않다, '게으름뱅이'에서 유래.

백열전구 속에 아르곤을 넣다

비활성 기체에 속하는 무색무취의 기체다. 어원대로 다른 물질과 거의 반응하지 않는다. 지금까지 보고된 화합물은 플루오린화수소산 아르곤뿐이다. 비활성 기체라고 해도 아르곤은 공기 중에 0.93%로 생각보다 많은 양이 함유되어 있으며, 질소 78%, 산소 21%에 이어 세 번째로 많은 기체다.

네온사인의 네온에 아르곤을 소량 섞으면 네온의 붉은빛이 푸른색이나 초록색으로 변한다. 아르곤 가스는 공기에 비해 열전도가 낮아 단열성이 우수하므로 이중 유리창에서 두 장의 유리 사이에 봉입된다. 전구나 형광등에도 아르곤 가스가 봉입되어 있다.

또한 아크 용접시 대기 중의 산소로 인해 용접 부분이 산화되지 않도록 하는 실드 가스(shielding gas)로도 사용된다. 아크는 두 개의 전극 사이에 강한 전류를 흐르게 했을 때 발생하는 강한 빛을 말한다. 이때 과열된 전극이 증발하는 아크 방전이 일어나며 전극이 세차게 가열되어 용융 상태가 된다. 아크 용접은 이런 현상을 이용한 용접 방법이다.

백열전구의 필라멘트는 전기가 흐르면 온도가 매우 높아져 표면으로부터 텅스텐 원자가 바깥으로 휘발되면서 고체에서 직접 기체가 되는 승화 현상이 일어난다. 결국 필라멘트가 가늘어져 끊어진다. 이를 억제하기 위해 아르곤을 넣어 내구성을 좋게 한다.

아르곤을 사용하는 이유는 비활성 기체라 다른 물질과 반응하지 않는 데다 공기 중에 많아 값이 싸기 때문이다. 원자번호가 큰, 즉 원자가 큰 크립톤이나 제논은 비싸지만 승화 억제 효과도 더 크다.

아르곤과 포타슘 40

고대부터 현재에 이르기까지 지구의 자연에는 방사성 물질인 포타슘 40(K40)이 존재한다. 포타슘 40이 방사선을 방출하며 붕괴되면 아르곤이 생성된다. 공기 중에 다량 존재하는 아르곤은 주로 이런 과정을 통해 생성된 것으로 추정된다.

그래서 포타슘 40과 아르곤의 양을 측정하면 고대 암석의 연대 측정이 가능하다. 이를 포타슘-아르곤 연대측정법이라고 한다.

실제로 추출된 최초의 비활성 기체

비활성 기체의 발견은 1894년 영국의 과학자 윌리엄 램지(William Ramsay, 1852~1916)와 로드 레일리(Lord Rayleigh, 1842~1919)가 아르곤을 발견하면서부터 시작되었다.

레일리는 대기에서 분리한 질소가 질소 화합물로부터 얻는 질소보다 밀도가 크다는 사실을 발견했다. 이러한 사실로부터 대기 중에 새로운 원소가 있는 것으로 추정하고 램지와 공동 연구를 시작했다. 끈질긴 연구와 실험을 반복한 끝에 공기 중에 약 1% 함유되어 있는 아르곤을 발견해냈다. 램지는 이어서 공기 중에서 네온, 크립톤, 제논을 발견해냈다. 또한 태양 스펙트럼으로부터 존재만 추정되던 헬륨도 우라늄 광석에서 분리해냈다. 공기 중에 다량 함유되어 있었음에도 오랫동안 아르곤의 존재를 밝혀내지 못한 이유는 다른 원소와 반응하지 않고 숨어 있었기 때문이다. 이런 성질 때문에 원소명이 '아르곤(게으름뱅이)'이라고 붙었다.

2장

Ag Cd In Sn Sb

Kr Rb Sr Y Zr

Ge As

원자번호 19~54

K Ca Sc Ti V Cr Mn Fe Co Ni Cu Zn Ga Ge As Se Br Kr Rb Sr Y Zr Nb Mo Tc Ru Rh Pd Ag Cd In Sn Sb Te I Xe

19

K 포타슘

> Potassium | 원자량 39.1
> 영어 포타슘(potassium)은 '초목의 재'
> (potash)에서 유래되었고, 또다른 이름
> 칼륨(kalium)은 아라비아어 '식물의 재'
> (al-qali)에서 유래되었다.

'알칼리'의 어원

알칼리 금속에 속한 부드럽고 은백색을 띤 금속이다. 소듐, 리튬, 루비듐, 세슘, 프랑슘과 같은 알칼리 금속으로, 소듐보다 격렬하게 공기 중의 산소와 결합하며, 상온에서도 수면 위에서 보라색 불꽃을 띠면서 격렬하게 반응한다. 이때 보라색은 포타슘의 불꽃반응 불꽃색을 뜻한다. 또한 포타슘은 쉽게 이온이 되므로 자연계에서는 화합물로 존재한다.

식물에는 포타슘이 함유되어 있다. 식물의 3대 영양소가 바로 질소, 인, 포타슘이다. 한편 포타슘 화합물, 예를 들어 염화 포타슘이나 황산 포타슘은 포타슘 비료로 사용된다. 질산 포타슘은 담배에 연소 보조제로 혼합되며 화약의 원료로도 쓰인다.

게다가 몸무게 70kg의 성인 몸 안에는 150g 정도의 포타슘이 함유되어 있다. 세포 중의 양이온의 대부분은 포타슘 이온이다. 소듐 이온과 함께 신경에서 흥분의 전달과 세포 내외의 삼투압 조절 등 중요한 역할을 한다.

예부터 초목을 태운 재의 즙을 모아 항아리에 넣고 졸인 후 얻어지는 하얀 고체를 세탁용 세제로 사용했다. '알칼리'는 아라비아 사람이 '재(灰)'라는 뜻의 아라비아어 '칼리'에다 접두어 '알'을 붙여 만든 말인 것으로 알려져 있다. 즉 알칼리라는 단어의 어원은 '식물의 재'를 의미한다.

현재 화학적으로 '알칼리'라 함은 주로 알칼리 금속(주기율표 1족의 리튬 이하), 알칼리 토금속(주기율표 2족의 칼슘 이하)의 수산화물을 지칭하며, 종종 알칼리 금속의 탄산염과 암모니아까지 포함한다.

식물이 타고 남은 재의 성분은?

다음은 속씨식물의 주요 원소 조성(%)의 한 예다.

탄소 45, 산소 41, 수소 6, 질소 3, 칼슘 1.8, 포타슘 1.4 황 0.5, 마그네슘 0.3, 소듐 0.1.

식물을 태우면 성분 원소인 탄소, 수소, 질소, 황 등은 산소와 결합해 공기 중으로 확산되어 날아간다. 재로 남는 것은 칼슘, 포타슘, 마그네슘, 소듐 등 금속 원소의 산화물과 탄산염이다. 초목회 (草木灰, 풀과 나무를 태운 재)에는 탄산 포타슘이 10~30% 함유되어 있다. 참고로 다시마나 미역 등 해조를 태운 재의 주요성분은 탄산 소듐이다.

자연계에 존재하는 포타슘의 0.01%는 방사성인 포타슘 40이다. 인간은 몸속에서 포타슘 40 등이 방출하는 방사선에 의해 내부 피폭된다. 피폭량은 몸무게 60kg인 성인이 포타슘 40으로부터 4000베크렐(Bq, 1초당 하나의 원자핵이 붕괴되어 방출하는 방사능의 강도), 탄소 14로부터 2500Bq, 루비듐 87로부터 500Bq이다. 이러한 내부 피폭을 피할 방법은 없다. 체내 포타슘 40으로부터 받은 4000Bq을 연간 내부 피폭량으로 환산하면 0.17시버트(Sv, 인체에 미치는 방사선의 피폭선량)에 해당된다.

암석에는 포타슘이 다량 함유되어 있기 때문에 포타슘 40도 들어 있다. 화강암으로 만들어진 건물 부근은 외부 피폭량이 다른 곳보다 크다. 간토 지방과 간사이 지방을 비교하면 간사이 지방이 연간 20~30% 정도 자연방사선 양이 더 많다. 이는 간사이 지방 지대가 포타슘 40 등이 비교적 많이 함유된 화강암 지대이기 때문이다.

20 Ca 칼슘

Calcium | 원자량 40.1
라틴어의 calcis(석회)에서 유래.

칼슘은 무슨 색?

은백색 금속이다. '칼슘'이라고 하면 하얀색의 이미지가 떠오르는데, 사실 하얀색은 칼슘 자체가 아니라 칼슘 화합물의 색이다. 물과 약하게 반응하여 수소를 발생시키며 녹는다. 석회석, 석고, 방해석의 형태로 지각을 구성하는 중요한 성분일 뿐만 아니라 뼈와 치아 등 인체의 주성분 중 하나이기도 하다.

석회석은 탄산 칼슘으로 이루어져 있으며 시멘트의 원료로 쓰인다. 계란껍질이나 조개껍질의 주성분도 탄산 칼슘이다.

칼슘은 우리 몸속에서 가장 많은 금속 원소다. 뼈와 치아는 물론, 세포와 체액에서 중요한 역할을 한다. 생체 내에는 약 1kg 정도의 칼슘이 포함되어 있다. 그중 99%가 뼈와 치아에, 나머지 1%는 혈액과 세포에 포함되어 있다.

진주는 탄산 칼슘의 결정과 단백질 층이 교차로 쌓여서 형성되는 생체 광물이다.

칼슘과 마그네슘을 많이 함유한 물을 경수라고 부른다. 경수인 물에서 비누를 사용하면 칼슘 화합물인 비누 찌꺼기가 만들어져 거품이 나지 않는다. 염화 칼슘은 건조제와 도로 동결 방지제로 사용된다.

생석회와 소석회

석회석을 고온에서 태우면 이산화 탄소를 방출하면서 생석회(산화 칼슘)가 된다. 그리고 생석회에 물을 가하면 열을 발생하면서 소석회(수산화 칼슘)가 된다.

소석회 수용액을 석회수라고 한다. 자주 볼 수 있는 과학 실험 가운데 석회수에 이산화 탄소를 불어넣어 하얀 침전물을 생성시키는 실험이 있다. 이 침전물은 석회석과 같은 탄산 칼슘이다.

생석회는 과자 등의 식품을 포장할 때 건조제로 쓰인다.

소석회는 예전에 운동장에 하얀 선을 긋는 용도로 사용되었다. 그러나 강한 알칼리성으로 상처나 눈에 들어갈 경우 위험하다는

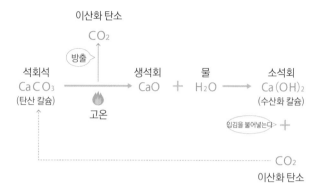

이유로 지금은 탄산 칼슘이 사용되고 있다.

줄을 잡아당기면 데워지는 도시락이 있다. 생석회(산화 칼슘)와 물을 분리해놓고 줄을 당기면 이들이 혼합되면서 '산화 칼슘 + 물 → 수산화 칼슘'의 발열반응이 일어나는데 이것을 이용해 도시락을 데우는 것이다.

석회동굴이 생기는 이유

석회암 지대에 생기는 동굴을 석회동굴이라고 한다. 석회암(탄산 칼슘)은 물에는 녹지 않으나 이산화 탄소가 용해된 물에는 녹는다. 이산화 탄소 수용액에 석회암이 녹으면 탄산수소 칼슘 수용액이 된다. 이렇게 석회암이 녹아내린 부분이 커지면서 동굴이 된다.

탄산 칼슘 + 물 + 이산화 탄소 → 탄산수소 칼슘

탄산수소 칼슘 수용액 속의 이산화 탄소가 빠져나가면 이와 반대 방향의 역반응이 일어나면서 다시 탄산 칼슘이 석출된다. 이러한 반응들에 의해 고드름처럼 천장에서 아래로 자란 것이 종유석(鐘乳石)이고, 죽순처럼 바닥에서 위로 솟아오른 것이 석순(石筍)이다. 이들은 탄산수소 칼슘이 녹은 물에서 탄산 칼슘이 석출된 것으로, 자라는 데 오랜 세월이 걸린다.

21 Sc 스칸듐

Scandium | 원자량 44.96
발견 당시의 주요 산출지 스칸디나비아
(Scandinavia)를 뜻하는 라틴어 Scandia
에서 유래.

은백색을 띤 부드러운 금속이다. 스칸듐과 이트륨, 그리고 란타넘족 15개를 합한 17개의 원소를 희토류 원소라고 한다. 수은등의 일종인 할로젠화 금속 램프(metal halide lamp)에 아이오딘화 스칸듐을 사용하면 강한 빛을 얻을 수 있다. 또한 합금 강도를 높이는 목적으로 알루미늄에 가해지며, 금속 야구 배트에 이 합금이 사용되기도 한다.

아직까지는 용도가 다양하지 않아 존재감이 없는 원소다.

> Titanium | 원자량 47.87
> 그리스 신화의 '거인, Titan'에서 유래.

항공기와 골프채에 사용

매우 단단하고 가벼운 은백색 금속이다. 자연에는 토양 중에 산화 타이타늄의 형태로 함유되어 있다. 타이타늄 철광이나 루틸 (금홍석, rutile) 등의 광석으로도 존재한다. 타이타늄 또는 알루미늄이나 몰리브데넘, 철 등과의 합금은 견고하면서 녹이 잘 슬지 않으며, 가볍고 열을 잘 전도하지 않아서 고온에서도 잘 견딘다. 그런 성질 때문에 항공기나 선박 구조재를 비롯해 스푼, 포크, 안경테, 골프채 등의 일상용품에 이르기까지 다양한 분야에서 쓰이고 있다.

순도가 높은 이산화 타이타늄은 순백색이다. 화학적으로 안정해서 사용하기에 안전하다. 때문에 백색 안료(顏料, pigment, 색채가 있고 물이나 그 밖의 용제에 녹지 않는 미세한 분말)로 자외선 차단제 등의 화장품으로 사용된다. 또한 광촉매의 성질이 있어 빛을 흡수해 유기물의 오염 성분을 분해하는 작용을 한다.

광촉매란 빛을 흡수해 반응 촉매로 작용하는 물질을 말한다. 여기서 촉매란 반응 전후로 변화되지 않으면서 반응을 촉진하는 물질이다. 과학 시간에 희석된 과산화 수소수에 첨가해 산소를 발생시키는 이산화 망가니즈(산화 망가니즈(IV))나 소화효소 등이 촉매의 예라고 할 수 있다.

광촉매는 1967년 산화 타이타늄이 태양광 에너지로 물을 산소와 수소로 분해한다는 사실(혼다·후지시마 효과)을 발견한 것이 발단이 되어 실용화되었다.

1990년경부터 촉매의 강력한 산화력으로 유해물질을 분해하는 용도로 쓰이기 시작했다. 포름알데하이드와 질소 산화물, 악취의 원인물질 등의 공기 정화, 유기물 분해와 살균 등의 수질 정화, 세균과 바이러스의 불활성화 등이 그 예다.

다른 용도로는 초친수성(超親水性, superhydrophilic)을 이용해 타일과 창문, 벽 등의 세정 및 청소에 이용된다. 산화 타이타늄 분말을 타일 등에 도포하면 태양광이 비칠 때 산화 타이타늄의 광촉매 기능으로 오염과 때, 세균 등의 유기물이 분해된다. 또한 초친수성이어서 물로 기름때 등의 유기물을 불려서 제거할 수 있다. 이 분해 제거 과정을 '셀프 클리닝'이라고 하며, 타일과 창문, 벽 이외에 반사경, 텐트 천막 등에 광범위하게 쓰이고 있다.

23 V 바나듐

Vanadium | 원자량 50.94
다양한 색상의 아름다운 화합물을 만들기
때문에 스칸디나비아의 미의 여신
Vanadis에서 유래.

　부드러운 은백색 금속이다. 구리의 강도를 높이기 위해 첨가물
로 사용된다. 타이타늄에 바나듐을 가한 합금은 견고하고 가벼우
며 잘 부식되지 않으므로 항공기 등에 쓰인다.

　멍게, 해우(바다소), 군소 등의 바다생물의 체내에도 바닷물에
함유된 미량의 바나듐이 농축되어 있다. 또한 혈당치를 낮추는
효과가 일부 보고되어, 생수와 보충제로 판매되고 있다. 그러나
아직 과학적으로 충분히 검증된 것은 아니므로 과량 섭취의 위험
성이 지적되고 있다.

24 Cr 크로뮴

Chromium | 원자량 52.00
산화 상태에 따라 다양한 색을 나타내기
때문에 그리스어의 chroma(색)에서 유래.

단단한 은백색 금속이다. 구리의 강도를 높이기 위한 첨가물로 이용되고 있으며, 특히 스테인리스강 제조에 중요하다. 스테인리스강은 철에 크로뮴과 니켈을 첨가한 합금이다. 스테인리스강이 잘 녹슬지 않는 이유는 표면에 생기는 매우 치밀한 산화 피막, 즉 녹이 내부를 보호하기 때문이다.

광택의 아름다움과 마찰 및 녹에 대한 내성이 높기 때문에 금속 제품의 도금 등에 이용된다.

다양한 광물에 함유되어 있으며, 에메랄드의 초록색, 루비의 자주색은 불순물로 미량 함유된 크로뮴 이온 때문에 생기는 색상이다.

　한편 크로뮴 화합물은 안료로도 쓰인다. 많은 크로뮴 화합물은 독성을 가지고 있으며, 특히 6가 크로뮴은 독성이 매우 강하다.

25

망가니즈

Manganese | 원자량 54.94
라틴어의 magnesia(자석)에서 유래.

단단하면서 부서지기 쉬운 은백색 금속이다. 첨가물로 구리에 첨가해 강도를 높이거나 가공성을 향상하는 데 쓰인다. 망가니즈 건전지의 양극에 이산화 망가니즈, 즉 산화 망가니즈(Ⅳ)가 쓰인다.

해저의 화산활동과 열수활동으로 해수에 용출된 망가니즈와 철이 산소가 풍부한 해수와 접하면 산화물이 된다. 그리고 이것이 심해 바닥에 침전되어 감자와 같은 덩어리(일반적으로 흑갈색이며, 대부분 직경 1~10cm 정도)를 만든다. 이를 망가니즈 단괴라 부르며, 철과 망가니즈가 주성분이다. 망가니즈 단괴는 그 외에도 유용금속으로 구리, 니켈, 코발트 등을 함유하고 있기 때문에 중요한 해저 광물자원으로 각광받고 있다.

망가니즈 단괴는 1873년 영국의 해양탐사선 '챌린저 호'에 의해 아프리카 북서 연안의 앞바다 심해에서 최초로 발견되었다.

26

Fe 철

Iron | 원자량 55.85
그리스어의 '강한(ieros)'에서 유래. 원소기
호는 라틴어의 ferrum(철)에서 유래.

현대는 여전히 철기문명 시대

은백색 금속이다. 철, 코발트, 니켈은 대표적인 강자성체다(자석
에 잘 붙는다). 기원전 5000년경부터 이용되기 시작했고, 현대는
아직 철기문명의 흐름 속에 있다.

지각에는 네 번째로 많이 존재하는 원소이며, 지구 전체로는 가
장 많이 존재하는데, 지구 핵의 대부분은 용융된 철인 것으로 추
정되고 있다. 철은 건축자재에서부터 일용품에 이르기까지 가장
널리 이용되는 금속이다.

철로 뛰어난 성질의 합금을 만들 수 있다는 점도 철이 다양한

용도로 쓰이는 이유 중 하나다. 탄소 함유율이 0.04~1.7%로 매우 낮은 철을 강철(steel)이라 하는데, 매우 단단하므로 철골이나 레일 등에 쓰인다. 합금 이외에 철판 표면을 도금한 것으로는 함석과 양철이 있다. 아연으로 도금한 것이 함석이며, 주석으로 도금한 것이 양철이다.

1회용 핫팩이나 식품 탈산소제에도 철가루가 함유되어 있는데 철의 산화 반응을 이용한 것이다. 또한 인체에 존재하는 적혈구 속의 헤모글로빈은 철을 함유한 단백질로, 산소를 온몸에 운반하는 데 매우 중요한 역할을 한다.

인류 문명은 석기에서 금속기로 변천해왔다. 금속은 가공이 자유롭고 견고하기 때문에 문명 발전에 크게 기여했다.

금속기에서는 청동기가 먼저 출현했다. 청동은 구리와 주석의 합금이다. 구리는 자연에서 화합물이 아닌 구리 순물질로 존재한다. 따라서 구리광석에서 구리를 추출하는 것이 용이했다.

반면 철광석 속의 산화 철은 철과 산소의 결합이 매우 강해 철을 추출하기가 매우 어려웠다. 그러나 철이 농기구나 무기 등 모든 면에서 청동보다 훨씬 우수했기 때문에 추출하기가 어려웠음에도 청동기문명은 철기문명으로 변천했다.

특히 18세기 산업혁명으로 기계문명이 시작되자 각종 기기의 재료로서 금속이 한층 더 활발하게 쓰이기 시작했다. 산화 철을 환원하여 철로 만드는 과정에서 초기에는 목탄을 사용했는데, 자연풍이나 인력 또는 수력으로 송풍을 했다.

이후 용광로로 석탄을 고온 건류(乾溜, 고체 유기물을 용기에 넣고 공기를 차단한 다음 가열하여 분해하는 조작)하여 만든 코크스(cokes, 점결탄, 아스팔트, 석유 등 탄소가 주성분인 물질을 가열하여 휘발 성분을 없앤, 구멍이 많은 고체 탄소 연료)를 사용하고, 증기기관으로 송풍해 철광석을 환원하게 되면서 대량생산 체제로 돌입했다. 용광로에 철광석과 코크스, 석탄석을 넣고, 뜨거운 공기를 용광로 밑으로 송풍하면 코크스가 타면서 고온이 되어 철광석이 주로 일산화 탄소에 의해 철로 환원되는 것이다.

이렇게 생성되는 선철(銑鐵)은 용광로 아래로 모이고 불순물은 위로 떠오른다. 용광로에서 얻어지는 선철은 탄소를 다량 함유하고 있어 무른 편이다. 하지만 선철을 전로(轉爐)로 옮겨 산소를 주입하면 강철이 된다.

현대는 알루미늄이나 타이타늄 등 새로운 금속들이 활용되고 있으나 가장 중요한 금속은 여전히 철로서, 우리는 지금도 철기 문명 시대에 살고 있는 것이다.

고순도 철의 놀라운 성질

철에 함유되어 있는 탄소와 인, 황 등을 제거해 99.999% 이상으로 순도를 높인 철은 불순물이 0.1% 정도 함유된 일반적인 순철과 그 성질이 다르다.

이 초고순도 철은 1999년 일본 도호쿠대학 금속재료연구소의 아비코 겐지[安彦兼次] 객원교수가 전해철을 초고진공 속에서 용해하여, 전자총을 이용한 부유대 용융(floating zone melting) 정제로 불순물을 감소시키는 처리를 함으로써 제조에 성공했다.

일반적인 철은 묽은 염산에 용해되면서 수소를 발생시킨다. 반면 초고순도 철은 산에 의한 내식성이 열 배 이상 높기 때문에 기포가 조금 발생할 뿐이다. 게다가 일반적인 철보다 가소성(어느 한계 이상의 힘을 가하면 연속적으로 변형되고, 힘을 제거해도 원래 상태로 돌아오지 않고 변형된 상태로 남아 있는 성질)이 크며, 액체 헬륨의 초저온에도 가소성이 사라지지 않는다.

초고순도 철은 철의 '진짜 모습'을 나타내는 것일지도 모른다. 이를 사용한 합금은 이제까지의 철 합금과는 또 다른 성질을 나타낼 가능성이 있다. 이를 사용한 내열합금이 매우 뛰어난 가공성을 보였다는 연구 결과가 보고되기도 했다.

우리 몸속의 철

우리 몸속에는 4~5g 정도의 철이 들어 있다. 그중 약 70%가 혈액에 함유되어 있다. 혈액이 붉은색을 띠는 것은 혈액에 적혈구라

고 하는 적색 입자(세포)가 다량 들어 있기 때문이다. 또한 이 적혈
구가 적색인 것은 헤모글로빈이라고 하는 적색 단백질로 구성된
색소를 함유하고 있기 때문이다. 그리고 철은 헤모글로빈에 붙어
있다. 헤모글로빈은 산소와 결합하여 산소 헤모글로빈이 되어 체
내 세포로 산소를 운반하는 역할을 한다.

철분이 부족할 때 생길 수 있는 질병으로 빈혈이 있다. 빈혈의
원인 중 가장 많은 것이 철 결핍성 빈혈이다. 이를 예방하기 위해
서는 철을 많이 함유한 식품을 먹어야 하는데, 그런 식품으로는
소나 돼지의 간, 시금치 등이 있다.

한때 '철분의 제왕'으로 불렸던 해조류인 톳의 철분 함량이 과
거의 100g당 55mg에서 6.2mg으로 크게 줄었다. 시중에 유통되
는 톳을 상품으로 가공하는 데 사용하던 가마의 대부분이 철 가마
에서 스테인리스 가마로 바뀌면서 톳에 함유된 철분이 크게 감소
했기 때문이다.

무말랭이도 스테인리스 식칼이 보급되면서 100g당 철분이
9.7mg에서 3.1mg으로 감소했다. 실제로 철 냄비를 사용하면 요
리 속의 철분이 증가한다.

27 Co 코발트

Cobalt | 원자량 58.93
독일어의 kobold(땅 속 요정)에서 유래.

은백색 금속이다. 철, 니켈과 더불어 자석에 잘 붙는 강자성체다.

PC 등의 하드디스크의 자기헤드를 비롯한 자석 원료로 쓰인다. 니켈이나 크로뮴, 몰리브데넘과의 합금은 고온 중에서도 강도가 높기 때문에 항공기나 가스 터빈에 쓰인다.

화합물은 다양한 색상을 나타낸다. 그중에서도 코발트 화합물은 대부분이 다채로운 색상을 나타낸다. 코발트블루는 코발트와 알루미늄의 산화물로, 대표적인 파란색 안료다. 염화 코발트(Ⅱ)는 물이 결합되지 않은 상태에서는 파란색, 물이 결합되면 분홍색이나 붉은색을 나타낸다. 이 때문에 식품용 건조제인 실리카겔에 염화 코발트를 첨가하면 건조제 효능이 남아 있을 때는 푸른색, 수분을 모두 흡수했을 때는 분홍색을 나타낸다.

또한 비타민 B_{12}에 함유되어 있으며, 인간을 비롯한 많은 생물들에게 필수적인 원소다.

28

Ni 니켈

Nickel | 원자량 58.69
독일어의 Kupfernickel(악마의 구리)에서
유래.

은백색 금속으로, 철, 코발트와 더불어 자석에 잘 붙는 강자성체다. 지각에는 미량만 존재하나, 지구 핵과 맨틀에는 비교적 많이 분포되어 있는 것으로 추정된다.

광택과 내식성이 있어 도금에 이용된다. 크로뮴과 함께 스테인리스강의 성분으로 쓰인다. 구리와의 합금은 백동(白銅)으로 불리는데 한국의 50원, 100원, 500원짜리 동전이나 미국의 5센트 동전, 일본의 50엔, 100엔 동전의 재료로 쓰인다. 또한 충전 가능한 2차 전지(니켈-카드뮴 전지, 니카드 전지)의 전극 재료로도 사용된다. 금속 알레르기를 유발하기 쉬운 금속 중 하나다.

29

Cu 구리

Copper | 원자량 63.55
'키프로스 산'을 의미하는 라틴어 'cuprum'
에서 유래. 로마시대 키프로스는 구리의
산지였다.

발냄새 제거용 양말에도 사용한다

부드럽고 붉은색을 띤 금속 광택을 가진 금속이다. 기원전
3000년경에는 정련해서 쓰였다. 현대에도 철 다음으로 중요한
금속재료 중 하나다.

전기저항이 은 다음으로 작기 때문에 전선 등에 널리 쓰이고 있
다. 얇게 퍼지는 전성과 길게 늘어나는 연성이 크고 열전도성 또
한 크기 때문에 다양한 가공품에 쓰인다. 또한 여러 가지 금속과
조합하면 다양한 합금을 만들 수 있어 광범위하게 이용되고 있다.

구리 역시 인간을 비롯해 생명활동에 필수적인 원소다. 생체 내에서 활성산소의 일종인 초과산화물(superoxide)을 분해하는 효소 등에 함유되어 있다.

구리 이온은 은 이온보다 약하나 항균 및 살균작용을 한다. 잡균으로 생기는 물때나 냄새를 방지하는 효과가 있다. 실제로 발냄새를 제거하는 목적으로 양말 섬유 속에 구리선을 함께 넣어 직조하기도 한다.

오징어나 문어 등의 해양 무척추동물은 체내의 산소 운반체로 구리 이온을 함유한 헤모사이아닌(hemocyanin)이라는 단백질을 이용한다.

우리나라 동전은 1원부터 500원까지 동전 중에 100% 알루미늄화인 1원짜리를 제외하면 모두 구리 합금으로 만들어진다. – 감수자 주

◆ 1원 동전을 제외하고 모두 구리 합금

100원	백동화(구리 75% + 니켈 25%)
500원	
50원	니켈 백동화(구리 70% + 니켈 12% + 아연 18%)
5원	황동화(구리 60% + 아연 40%)
구 10원	
신 10원	동화 · 알루미늄화(구리 48% + 알루미늄 52%)

구리에 생기는 녹색 녹은 유해할까

녹청(綠青)이란 구리에 생기는 녹색을 띤 녹을 말한다. 녹청의 성분은 구리에 함유된 불순물의 종류 및 구리가 놓인 환경조건 (공기와 수분)에 따라 다소 차이가 있으나, 주성분은 염기성 탄산 구리를 중심으로 한 염기성 화합물인 것으로 알려져 있다. 녹청의 독성에 관하여 1981~1984년 일본 후생성 연구팀이 동물실험을 실시한 적이 있다. 급성독성과 만성독성을 조사한 결과, 녹청은 맹독이 아니며 거의 무독성인 것으로 밝혀졌다.

칼럼

홑원소 물질과 화합물

물을 전기분해하면 수소와 산소로 분해된다. 이때 생성된 수소나 산소는 더 이상 다른 물질로 분해할 수 없다. 이처럼 물질을 화학적으로 분해해나가면 결국 더 이상 분해할 수 없는 물질에까지 이르게 된다. 더 이상 다른 물질로 분해할 수 없는 물질을 원자라고 한다.

어느 특정 원자번호를 갖는 원자에 의해서 대표되는 물질종을 원소라고 하는데 이것은 원자의 종류만큼 존재한다. 그리고 한 종류의 원자로 이루어진 물질이 바로 홑원소 물질이다.

두 종류 이상의 원자가 결합되어 생성되는 물질을 화합물이라고 한다. 화합물은 두 종류 이상의 물질로 분해가 가능하다.

30 Zn 아연

Zinc | 원자량 65.41
아연이 용광로 밑으로 가라앉을 때의 모습
에 빗댄 말로 독일어의 '포크의 끝(Zinken)'
에서 유래.

희미한 푸른빛이 도는 은백색 금속이다. 망가니즈 건전지나 알
칼리 건전지의 음극에 사용된다. 또한 철의 표면을 도금한 함석의
재료에 사용되므로 함석 표면에서 아연의 결정 모양이 관찰된다.

구리와의 합금은 황동 또는 신주(놋쇠)로 불린다. 가공이 용이
하여 동전을 비롯해 금관악기 등에 쓰인다. 브라스밴드의 브라스
(brass)는 영어로 황동을 의미하는데, 브라스밴드는 원래 황동으
로 만들어진 악기, 즉 금관악기와 타악기만으로 구성된 악대를
의미했다.

묽은 염산에 아연을 가하여 수소를 발생시키는 과학 실험에도

자주 쓰인다. 산화 아연(II)은 백색 안료로 쓰일 뿐만 아니라 아연화(亞鉛華)라는 외용 의약품으로도 쓰인다.

아연은 인간과 동물, 식물에게 필수적인 원소로, 아연이 부족하면 발육부전, 생식기능과 미각 장애가 발생하는 것으로 알려져 있다.

31 Ga 갈륨

Gallium | 원자량 69.72
프랑스의 옛 이름 '갈리아'에서 유래. 혹은
발견자의 이름에 있는 라틴어에서 유래
되었다는 설도 있다.

멘델레예프가 존재를 예언하다

은백색 금속이다. 녹는점이 28.9℃로 매우 낮기 때문에 사람의
체온이나 여름의 더운 날에는 녹아서 액체가 된다.

갈륨은 컴퓨터나 휴대폰 등에 없어서는 안 되는 반도체의 재료
로 쓰인다. 그중에서도 질화 갈륨은 푸른색 발광 다이오드의 재
료다. 이는 일본인 발명자에 의해 개발되었다. 푸른색 발광 다이
오드의 발명으로 LED의 이용 범위가 대폭적으로 확대되었다. 비
화 갈륨(속칭 갈륨-비소)은 붉은색 적외선의 발광 다이오드에 널리
쓰이고 있으며, 반도체 레이저에도 사용된다.

이 원소는 주기율 발견자인 드미트리 멘델레예프(Dmitri Mendeleev, 1834~1907)가 그 존재를 예언했던 것으로도 유명하다. 그는 1870년 "주기율표의 알루미늄 아래 칸이 비어 있는데, 원자량은 68 정도, 밀도는 5.9g/cm³ 가량의 원소일 것이다"라고 예언하며 에카 알루미늄(eka-aluminium)이라는 가명을 붙였다. 당시에는 받아들여지지 않았으나 1875년 프랑스의 폴 에밀 부아보드랑(Paul Emile Boisbaudran, 1838~1912)이 섬아연광(아연의 황화광물)의 스펙트럼 분석으로 갈륨을 발견했다.

그 뒤의 원자번호 32번 저마늄도 갈륨과 마찬가지로 멘델레예프가 존재를 예언했던 원소다. 그는 1870년 규소의 아래 칸에 원자량이 72 정도, 밀도 5.9g/cm³ 가량의 에카 규소가 있을 것이라고 예언했다. 그 후 독일의 클레멘스 빙클러(Clemens Winkler, 1838~1904)에 의해 아지로드광(argyrodite, 은과 저마늄의 황화물)이라는 광석으로부터 저마늄이 발견되었다. 이 발견은 주기율표에 대한 평가를 높이는 계기가 되었다.

미국에서는 갈륨으로 만든 스푼이 마술용으로 판매되고 있다. 체온 정도의 미지근한 물에 넣으면 녹으면서 액체가 되기 때문이다. 한번 액체로 녹은 것을 다시 틀에 넣어서 스푼으로 만드는 키트도 판매되고 있다. 필자는 갈륨이 든 비닐봉지를 셔츠의 가슴 주머니에 넣었다가 봉투 속에서 갈륨이 녹았던 경험이 있다.

32

Ge 저마늄

Germanium | 원자량 72.64
독일의 옛 이름 '게르마니아'에서 유래.

저마늄은 과연 건강에 도움이 될까?

은백색의 준금속(metalloid)이다. 준금속은 장주기형 주기율표에서 붕소와 아스타틴을 연결하는 사선상 부근에 위치하는 원소를 말하며, 금속과 비금속의 중간적인 성질을 띤다. 상온에서는 고체지만, 전도성은 없다. 트랜지스터의 초창기 재료였다. 지금은 안정성이나 성능이 훨씬 뛰어난 규소(실리콘)를 소재로 한 트랜지스터가 개발돼 주인공의 자리를 내주었다. 현재에도 일부 반도체 재료나 광 검출기, 방사선 검출기 등의 재료로 쓰이고 있다.

저마늄과 관련된 건강 기구가 많이 팔리고 있다. 판매업자들은

'신진대사를 활발하게 한다', '빈혈에 효과가 있다' 등의 효능을 선전한다. 그러나 저마늄 팔찌에서 주장하는 건강 효과는 과학적으로 입증된 바가 없다.

무기 저마늄이든 유기 저마늄이든 섭취하는 것은 절대 금물이다. 1970년대 저마늄의 건강 효과 붐이 일어났을 당시 무기 저마늄을 함유한 건강기능식품을 섭취하고 사망한 사례가 있다. 유기 저마늄도 섭취한 뒤 건강상의 피해를 입거나 사망한 사례가 있으므로 주의가 필요하다.

저마늄 족욕에 관한 수상한 설명

저마늄 족욕은 저마늄을 함유한 화합물을 녹인 40~43℃의 온수에 13~15분 정도 손발을 담그는 입욕 방법이다.

웹사이트에는 "유기 저마늄은 체내에서 다량의 산소를 만들어 낸다. 피부호흡으로 체내에 흡수되는 저마늄은 혈액 중에 녹아들어가 혈중 산소량을 증가시킨다. 혈액순환으로 산소가 전신으로 운반되므로 신진대사가 활발해진다", "유기 저마늄은 약 32℃ 이상에서 음이온과 원적외선을 방출한다. 이들이 체온을 높이고 대사를 활발하게 만든다" 등으로 설명되어 있다.

만약 피부를 통해 혈액 중에 흡수된다면 섭취했을 때와 비슷한 상황이 될 것으로 예상된다. 그들이 만들어낸다고 주장하는 다량의 산소는 어디서 생성될까? 정말로 평소보다 많은 다량의 산소가 세포로 운반된다면 산소의 산화력으로 부작용이 일어날 것이다. 하지만 실제로 그런 일은 없기 때문에 건강상의 피해 역시 일어나지 않을 것이다.

'음이온'은 엉터리 과학 상술의 요주의 단어다. 물질의 거의 대부분이 원적외선을 방출한다. 게다가 원적외선은 체내에 1mm도 들어가지 못한다. 족욕 자체는 효과가 있을 것이다. 하지만 굳이 저마늄 족욕이어야 할 이유는 없다.

칼럼

'칼슘' 홑원소 물질을 지칭하는 경우와 화합물을 지칭하는 경우

원소명을 말할 때 그것이 홑원소 물질을 지칭하는 경우와 화합물을 지칭하는 경우가 있다. 예를 들어 '멸치에는 칼슘이 풍부하다'라는 말을 많이 들었을 것이다. 잔뼈까지 먹을 수 있으므로 뼈의 구성 원소인 칼슘을 섭취할 수 있다는 것이다.

20번 칼슘에도 언급했듯이 칼슘은 홑원소 물질일 때 금속이며 은색을 띤다. 게다가 홑원소 물질의 칼슘은 물에 닿으면 수소 가스를 발생하며 녹는다. 아무래도 뼈는 홑원소 물질의 칼슘은 아닌 듯하다. 사실뼈는 칼슘과 인과 산소의 화합물이다. 중심 원소가 칼슘이기 때문에대표적으로 '칼슘'이라고 부르고 있을 뿐이다. 원소명을 들을 때 그것이 홑원소 물질인지 화합물인지를 잘 구분해야 한다.

33

As 비소

> Arsenic | 원자량 74.92
> 그리스어의 아르세니코스(강하면서 독이 있
> 다) 등 여러 설이 있다.

독극물로 유명한 비소

회색, 황색, 검은색 등 세 종류의 동소체가 있다. 그중에서 회색 비소가 가장 안정적이고 금속 광택이 있기 때문에 금속 비소라 불린다.

비소는 자연계에 널리 분포되어 있으며 많은 광산에서 산출된다. 또한 고대부터 비소는 강한 독성을 가진 물질로 알려져 있다. 그중에서도 아비산이라고 불리는 하얀 화합물인 삼산화 이비소(As_2O_3)에 의해 도로쿠 공해(일본 미야자키 현 다키치호 시의 도로쿠 지구에 있는 비소 광산에서 일했던 사람들에게 발생한 만성 비소 중독으로,

공해병 중 하나 – 옮긴이)나 모리나가 비소 우유 사건(1955년 모리나가 우유공장에서 제조 판매한 유아용 분유에 비소가 들어 있어 이를 먹은 많은 어린이들이 비소 중독을 일으킨 사건 – 옮긴이) 등 심각한 비소 중독 사건이 일어나기도 했다. 예부터 '독, 하면 비소'라는 말이 있을 만큼 독극물의 대명사로 유명한 비소는 추리소설이나 연극의 암살 장면 등에서 자주 등장하며, 와카야마 독극물 카레 사건(1998년 와카야마 현의 마을축제에서 주민들이 먹을 카레에 아비산을 투입한 사건. 4명이 사망함 – 옮긴이)의 독극물로도 유명하다.

비소를 의미하는 'Arsenic'은 그리스어의 '맹독'이 어원이라는 말이 있다. 비소는 검출하기가 매우 쉽기 때문에 '어리석은 자의 독약'이라고도 불린다. 특히 모발이나 손톱에 잔류되므로 검출 및 정량 또한 용이하다. 머리카락 한 올로도 바로 비소 중독을 알아낼 수 있는 것이다. 비소와 갈륨의 화합물인 비화 갈륨은 반도체 재료로 휴대폰 등에 사용된다. 한편 굴 등의 식품에도 유기 비소 화합물이 함유되어 있는데, 이들은 무독성이거나 극히 낮은 독성을 가진 것으로 추정된다. 비소의 독성은 유기 비소보다 아비산과 같은 무기 비소가 훨씬 강하다.

비소에 의한 중독에는 아비산이 투입된 와카야마 독극물 카레 사건처럼 한 번에 대량으로 섭취할 때 일어나는 급성중독과 장기간 소량 섭취하면서 일어나는 만성중독이 있다.

중세 이후 자살이나 타살에 쓰는 독약으로 역사 속 이야기에도 자주 등장했다. 무색, 무취, 무미한 토파나수(aqua toffana)라는 이름의 아비산 수용액은 조금씩 자주 섭취하면 점차 피부가 하얘지면서 미인이 된다는 소문 때문에 귀족 부인들이 즐겨 마셨다. 반면 가톨릭 교리상 이혼이 허용되지 않는 국가에서는 남편을 독살하기 위한 독약으로도 종종 이용되었다고 한다.

아비산은 예전부터 살서제(쥐약)로 사용되어 왔다. 과거에는 쉽게 구할 수 있어 살인에도 쓰였으나 19세기 들어서 정밀하고 간편한 비소 검출법이 개발되면서 곧바로 비소 중독 여부를 알 수 있게 되었다. 특히 최근에는 비소 화합물을 쉽게 구할 수 없기 때문에 범죄에 사용될 경우 범인을 쉽게 찾을 수 있다.

톳 속의 비소

2004년 7월 영국 식품규격청(FSA)은 톳을 먹지 말 것을 자국민에게 권고했다. 이유는 FSA의 조사 결과 톳에 발암성이 지적되고 있는 무기 비소가 다량 함유되어 있는 것으로 밝혀졌기 때문이다.

어리석은 자의 독약, 비소!

이에 대해 일본의 후생노동성이 'Q&A'를 공표했다.

Q: 톳을 섭취하면 건강에 위험한가?

이 질문에 대한 대답을 요약하면 다음과 같다.

- 일본인의 하루 톳 섭취량은 추정치로 약 0.9g이다.

- WHO(세계보건기구)가 1988년 규정한 무기 비소의 잠정적 내용(耐容) 섭취량은 1주일에 체중 1kg당 15㎍이며, 체중 50kg의 성인의 경우 하루 107㎍에 상당한다.

- FSA가 조사한 바에 따르면 물에 불린 건조 톳 중의 무기 비소 농도는 최대 1kg당 22.7mg으로, 만약 건조 톳을 섭취한다고 가정할 경우 하루 4.7g 이상을 지속적으로 섭취하지 않는 한 WHO의 기준치를 초과하는 일은 없다.

- 해조류인 비소로 인한 비소 중독으로 건강상에 피해를 입었다는 것은 보고된 바 없다.

- 톳에는 식물섬유뿐만 아니라 필수 미네랄 성분도 많이 들어 있다.

- 이상의 사실들로 미루어볼 때 톳을 극단적으로 다량 섭취하는 것이 아니라 균형 잡힌 식생활을 한다면 건강상의 해를 입을 가능성은 적을 것으로 예상된다.

34 Se 셀레늄

Selenium | 원자량 78.96
라틴어로 '달'을 나타내는 셀레네(Selene)
에서 유래. 주기율표에서 바로 아래에
있는 52번 텔루륨이 지구에서 이름을
따왔기 때문에, 이 원소에는 달을
의미하는 이름을 붙였다.

독을 독으로 다스리다

셀레늄에는 많은 동소체가 있다. 가장 안정한 것은 회흑색의
금속 셀레늄(회색 셀레늄)이다. 셀레늄은 빛을 조사하면 급격히 전
기가 잘 통하게 된다(광전도성). 이러한 광전도성을 이용하여 복사
기의 감광 드럼에 사용되고 있다. 카메라의 노출계와 차광 유리
의 착색 원료 등으로도 쓰이는데, 독성이 있기 때문에 현재는 다
른 재료로 바뀌는 추세다.

셀레늄은 미량이나마 인체에 필수적인 원소다. 그러나 과량으
로 섭취하면 유해하다. 적정량을 초과할 경우 중독 증상을 일으

킨다. 해양 생태계에서 먹이사슬의 가장 정점에 있는 참치는 생물 농축의 결과 수은이 다량 함유되어 있다. 그런데 참치 자체에서는 수은 중독 증상이 나타나지 않는다.

그래서 참치 체내에 수은 독성을 감소시키는 물질이 있을 것이라 추측되었고, 이때 주목된 것이 셀레늄이었다. 셀레늄은 수은과 반응해 난용성 셀레늄화 수은이라는 물질로 바뀌면서 수은을 해독한다는 사실이 시험관 내에서의 연구를 통해 밝혀졌다. 즉 독을 독으로 다스리는 사례다.

칼럼

금속 원소와 비금속 원소

주기율표에 배열된 118개의 원소는 크게 금속 원소와 비금속 원소로 나뉘는데, 원소의 대부분이 금속 원소다.

금속 원소의 홑원소 물질은 금속 광택을 띤다. 실제로 본 적이 없는 금속 원소라도 그 홑원소 물질은 금이나 구리 외에는 은색이라고 생각하면 된다. 열과 전기를 잘 전도하며 원자가 쉽게 양이온이 되는 성질도 가지고 있다.

비금속 원소의 경우, 황과 같은 홑원소 물질은 거의 전기를 전도하지 않으며, 원자는 음이온이 되는 경향을 가지고 있다. 비금속 원소 중에서 탄소는 특히 중요한 원소다. 현재 1억 몇 천만 종류의 물질이 있는 것으로 알려져 있는데, 그 대부분이 탄소를 중심으로 한 화합물(유기물)이다.

백금을 함유한 항암제 시스플라틴의 부작용을 억제하기 위해 상당한 독성을 나타내는 셀레늄화 소듐 등의 셀레늄 화합물이 유효하다는 사실도 이와 비슷한 사례라고 볼 수 있다.

35 Br 브로민

Bromine | 원자량 79.90
라틴어로 '악취'를 의미하는 브로모스
(bromos)에서 유래.

　할로젠족 중 하나로 상온에서 적갈색을 띠는 액체 물질이다.
주기율표 중에서 상온에서 액체인 것은 브로민과 수은뿐이다. 자
극적인 냄새가 나며 맹독성이다. 브로민 화합물은 난연성 소재로,
열차나 비행기의 내장재로 이용된다.

　브로민화 은은 사진의 감광재료로도 쓰이며, 이를 이용한 인화
지를 브로마이드 페이퍼라 불렀다. 여기서 브로마이드란 브로민
화물(브로민 화합물)을 뜻한다. 이것이 아이돌 사진 등을 일컫는 브
로마이드의 어원이 되었다.

　필자가 고등학교에서 화학을 가르쳤을 때의 일이다. 약품실에

있는 스틸 재질의 약품 창고 철재가 심하게 부식된 적이 있었다.

약품실에는 브로민을 넣은 유리병이 하나 놓여 있었는데 안에는 3분의 1 정도 적갈색 액체가 들어 있었다. 이 유리병 뚜껑의 틈에서 브로민 기체가 증발되면서 밖으로 흘러나와 스틸 철과 반응을 일으켜 스틸을 부식시킨 것이었다.

36

Krypton | 원자량 83.80
그리스어의 '숨어버린'을 의미하는 크리프
토스에서 유래.

비활성 기체에 속하는 무색, 무취의 기체다. 공기 중에 0.0001%
(부피 대비) 함유되어 있으며, 액체 공기의 분류(分溜)로 얻어진다.
비활성 기체 중 아르곤, 제논, 크립톤에는 화합물이 존재한다.

대부분의 백열전구 안에는 아르곤 가스가 주입되어 있다. 크립
톤 전구는 아르곤 가스 대신 크립톤 가스를 주입한 것이다. 백열
전구 안에 크립톤을 주입하면 아르곤보다 분자량(혹은 원자량)이
크기 때문에 분자(혹은 원자)가 크고 무겁다. 필라멘트인 텅스텐의
승화를 억제하는 작용이 강해지면서 전구 수명이 늘어난다. 제논
가스를 주입한 제논 전구는 크립톤 전구보다 수명이 훨씬 길다.

37
Rb 루비듐

Rubidium | 원자량 85.47
라틴어의 '진한 붉은색'(스펙트럼선이 붉은색)을 의미하는 루비디스에서 유래.

매우 부드러운 은백색 금속이다. 알칼리 금속으로 물과 격렬하게 반응한다.

원자시계에 사용되며, 정확성 면에서는 세슘 원자시계보다 떨어지지만 소형으로 만들 수 있으며 비교적 가격이 저렴해서 널리 사용되고 있다. 예를 들어 현재 시각 서비스에는 루비듐 원자시계가 사용되고 있다. 루비듐 원자시계의 시간 오차는 10만~20만 년에 1초로 오차가 거의 없다.

자연계에 존재하는 루비듐의 28%를 차지하는 방사성 동위원소의 루비듐 87은 베타선을 방출하며 스트론튬 87로 붕괴된다.

루비듐과 스트론튬의 비율을 구해서 연대측정을 할 수 있다. 스트론튬 87의 반감기는 488억 년으로 매우 길기 때문에 억 년 단위의 긴 시간 연대를 측정하는 데 이용된다. 이를 루비듐-스트론튬 측정법이라고 한다. 지구나 태양이 탄생된 시점이 46억 년 전이라는 수치는 루비듐-스트론튬 측정법으로 계산한 것이다.

38

Sr 스트론튬

Strontium | 원자량 87.62
발견된 곳의 이름인, 스코틀랜드의 지명
스트론티안(Strontian)에서 유래.

불꽃놀이의 붉은색은 스트론튬 화합물

은백색을 띤 부드러운 알칼리 토금속이다. 화합물을 무색 불꽃 속에 넣어 가열하면 아름다운 적색 불꽃반응을 나타낸다. 이 성질 때문에 염화 스트론튬은 불꽃놀이나 붉은색 연기를 내뿜는 발연통(發煙筒)에 사용된다.

같은 알칼리 토금속인 칼슘과 성질이 유사하며, 뼈, 조개껍질 등에 축적된다. 이 때문에 생물의 체내에는 항상 일정량의 스트론튬이 존재한다.

원자로나 핵폭발 등으로 인해 인공적으로 만들어지는 방사성 동위원소로 스트론튬 90이 있다. 스트론튬 90은 체내에 흡수되면 뼛속의 칼슘과 치환되면서 베타선에 의해 지속적인 내부피폭이 일어나므로 매우 위험하다.

스트론튬의 불꽃반응은 붉은색이지만 불꽃놀이는 분홍색에서 짙은 붉은색에 이르기까지 그 폭이 매우 넓다. 이는 염화 스트론튬이나 산화 스트론튬이 다양한 색을 나타내는 효과가 매우 크기 때문이다.

불꽃놀이의 붉은색을 나타낼 때 흔히 쓰이는 것은 스트론튬 화합물이지만 그 외에 주황색을 내는 칼슘 화합물도 사용된다.

방사성 스트론튬 89를 함유한 염화 스트론튬은 뼈의 성분인 칼슘처럼 쉽게 뼈에 축적된다. 뼈로 전이된 암세포 부분에 정상 뼈에서보다 오래 머물면서 방사선을 방출하므로 통증을 완화시키는 목적으로 사용된다. 암을 치료하는 것이 아니라 통증 완화가 주목적이다.

39  이트륨

> **Yttrium** | 원자량 88.91
> 발견된 곳인 스웨덴 이테르비(Ytterby) 마을에서 유래. 이테르비는 스웨덴어로 '외진 마을'이라는 뜻이다.

액정 TV에 이용되는 희토류

부드러운 은백색 금속이다. 스웨덴 이테르비 마을에서 발견된 검은 광석에서 몇 가지 새로운 원소가 보고되었는데, 그중 하나가 이트륨이다.

알루미늄과의 산화물인 YAG의 단결정(이트륨·알루미늄·가넷)은 근적외선 레이저 발진용 재료로 쓰이고 있다. 이 레이저는 금속 절삭 등에 사용된다. 유로퓸(원소 63번)과 함께 액정 TV의 빨간색을 만들어내는 형광 재료로도 이용된다.

희토류는 전부 17가지가 있다. 그중 이트륨과 터븀, 어븀, 이터

뷰의 네 원소는 원석이 발견된 스웨덴의 작은 마을 이테르비에서 따온 이름들이다.

이테르비는 스톡홀름에서 20km 정도 떨어진 곳에 있는 마을로, 그곳에서 장석(長石) 광산이 개장되었다. 장석은 중학교 과학 교과서에 화강암을 구성하는 광물로 '석영'과 '운모'가 함께 나온다. 장석은 도자기를 만드는 재료로 중요하게 쓰였다. 이곳 장석 광산에서 채굴되는 광석은 태워서 진귀한 색상의 안료나 도자기용 유약으로 쓰였다.

우애가 좋은 희토류 원소들

1787년 화학에 심취했던 스웨덴 육군 중위 칼 악셀 아레니우스(Karl Axel Arrhenius)가 이테르비 장석 광산에서 석탄처럼 검은 광석을 채취하여 집으로 가져갔다. 그는 돌에다 '이테르바이트(ytterbite)'라는 이름을 붙이고 몇 개월 동안 조사했으나 그 성분을 밝혀내지 못했다. 그래서 수학자의 길을 포기하고 화학을 공부하던 31세의 핀란드인 요한 가돌린(Johan Gadolin, 1760~1852)에게 조사를 부탁했다. 1794년 가돌린은 그 광물에서 새로운 산화물(이트리아로 명명)을 발견했고, 그 산화물을 만드는 원소에 이트륨이라는 이름을 붙였다. 즉 가돌린은 새로운 원소 이트륨을 발견한 것으로 착각했던 것이다.

그런데 사실 이트리아는 단일 원소 산화물이 아니었다. 가돌린의 발견으로부터 약 50년이 지난 1843년 스웨덴의 칼 구스타브 모산데르(Carl Gustav Mosander, 1797~1858)는 이트리아를 세 가지 성분으로 분리하는 데 성공했다.

그리고 각각의 산화물을 이트리아, 테르비아, 에르비아로 명명했다. 마을의 이름 이테르비를 세 개로 나누어 이름을 붙인 것이다. 이트리아로부터 얻어진 원소에는 옛 이름 이트륨을 붙이고, 나중의 두 개로부터 얻어진 두 원소에는 각각 터븀, 어븀의 이름을 붙였다.

1878년에는 스위스 장 카를레스 마리냐크(Jean Charles de Marignac, 1817~1894)가 에르비아에서 네 번째의 신원소를 발견했다. 이 원소에는 마을 이름 그대로 이터븀이라는 이름을 붙였다. 그러나 이터븀도 단일 원소가 아니었다. 1907년 프랑스의 조르주 위르뱅(Georges Urbain, 1872~1938)이 이터븀이 두 개의 원소로 구성되어 있다는 사실을 발견했기 때문이다. 그중 하나는 이름을 그대로 이터븀으로, 또 하나는 위르뱅의 고향인 파리의 옛 명칭 '루테티아'를 따서 '루테튬'이라는 이름이 붙여졌다.

희토류의 원소들은 서로 너무 우애가 좋아 분리하기가 매우 어려웠던 것이다.

40

Zr 지르코늄

Zirconium | 원자량 91.22
아라비아어로 '금색'을 뜻하는 지르콘에서 유래.

파인세라믹스의 대표격

은백색 금속이다. 내식성이 뛰어나며 고온에도 강해 다양한 분야에서 널리 이용되고 있다. 천연 금속 중에서 중성자를 흡수하는 정도가 가장 낮아 원자로의 핵연료를 포장하는 금속으로 사용된다. 원자로는 중성자를 이용해 핵분열을 일으켜 열을 발생시키므로 중성자를 흡수하는 물질이면 곤란하다.

산화물은 지르코니아라고 불리며, 파인세라믹스(고기능 세라믹스)의 재료로 쓰인다. 또한 규산염인 지르콘은 다이아몬드와 유사하게 반짝이는 특성이 있어 여러 장식품에 이용된다.

세라믹스란 원래 도자기라는 뜻으로, 도자기, 타일, 벽돌, 유리 등 천연 광물인 돌이나 점토를 정형해 가마에서 고온으로 태운 제품들을 말한다.

그러나 최근에는 정제된 원료를 이용해 내열성이나 경도 외의 새로운 성질을 가진 세라믹스가 만들어지면서 널리 쓰이고 있다. 이 때문에 오늘날에는 '비금속 무기재료 중 제조공정에서 고온 처리한 것들'을 세라믹스라 부르고 있다.

높은 정밀도와 성능이 요구되는 전자공업 등에서 사용되는 세라믹스를 파인세라믹스라 부르며 위의 세라믹스와 구별하기도 한다. 파인세라믹스 중에서 우리 생활과 밀접한 관련이 있는 물건으로는 금속 광택이 없는 백색 식칼이나 필러 칼을 들 수 있다.

이러한 세라믹스 칼은 녹이 슬지 않고 날카로움이 오래가며, 음식 냄새가 쉽게 배지 않는 특징이 있다. 이들은 지르코니아를 원료로 한 것으로, 세라믹스의 견고하면서(다이아몬드 다음으로 단단함) 탄탄하고 점성이 있는 성질을 이용한 것이다.

지르코늄의 취약점

지르코늄은 중성자를 흡수하는 정도가 가장 낮은 금속이지만 온도가 높아지면(약 900℃ 이상) 수증기와 반응하여 수소 가스를 발생시킨다는 취약점이 있다.

후쿠시마 제1원전에서는 핵연료를 냉각하는 데 실패하면서 핵연료 피복관인 지르코늄이 수증기와 반응하여 대량의 수소가 발생되면서 수소폭발을 일으켰다. 원자로에서 누출된 수소가 건물에 축적되어 폭발 한계의 4%를 넘었을 때 어떤 원인에 의해 수소와 공기의 혼합기체에 점화되면서 폭발을 일으킨 것이다.

다이아몬드에 가까운 굴절률!

지르콘과 큐빅 지르코니아는 다이아몬드와 굴절률이 유사하여 다이아몬드 대신 사용되는 보석이다.

지르콘은 지르코늄의 규산염 광물이다. 세계 여러 곳에서 산출되지만 보석으로 쓰이는 양질의 결정은 인도와 스리랑카 등 한정된 지역에서만 채취된다. 빨강, 주황, 노랑, 초록, 파랑 등의 다양한 색상은 가열처리해 변색시키거나 더욱 아름답게 가공한 것들이다. 지르콘에서는 방해석에서도 관찰되는 복굴절 현상을 볼 수 있다. 이것은 방향에 따라 굴절률이 다른 결정체에 빛이 입사(入射, 하나의 매질 속을 지나가는 소리나 빛의 파동이 다른 매질의 경계면에 이르는 것)할 때 두 개로 나뉘어 굴절하는 현상이다. 모스 경도(Mohs Hardness)는 7.5 정도로 그리 단단한 편은 아니다. 모스 경도란 광물의 단단한 정도를 보여주는 척도로, 단단한 정도를 1부터 10까지의 수치로 나타낸 것이다. 모스 경도 1의 표준물질은 가장 부드러운 활석으로, 예전에 아이들이 콘크리트나 땅에 그림 그릴 때 분필처럼 하얗게 그어지던 물건이다. 모스 경도 10은 역시 다이아몬드다.

큐빅 지르코니아는 산화 지르코늄의 결정으로, 지르코늄과 산소로 합성한 것이다. 지르콘에서 관찰되는 복굴절은 나타나지 않는다. 모스 경도는 8.0~8.5로 루비와 사파이어 다음으로 단단하며, 다이아몬드와 같은 방식으로 빛을 낸다. 가격은 다이아몬드의 수백분의 1이다.

다이아몬드처럼 아름다운데, 값은 싸!

41

Nb 나이오븀

Niobium | 원자량 92.91
그리스 신화의 왕 탄탈로스(Tantalos)의 딸
니오베(Niobe)에서 유래.

부드럽고 가공하기 쉬운 은백색 금속이다. 나이오븀은 탄탈럼과 함께 산출되고 성질도 유사해서 오랫동안 동일시되어왔다. 그래서 탄탈럼의 어원인 탄탈로스 딸의 이름이 붙었다.

금속 홑원소 물질로는 가장 높은 온도(약 −264℃)에서 초전도 상태(절대 0도에 가까운 매우 낮은 온도에서 전기저항이 0이 되어 전류가 상쇄되지 않고 운반될 수 있는 상태)가 된다. 타이타늄과의 합금은 초전도자석 코일로 실용화되어 암과 뇌출혈 등을 진단하는 MRI(자기공명 영상법)에 사용되고 있다. 또한 철강 등 다른 금속에 첨가하여 내열성과 강도를 증가시키는 첨가제로도 널리 사용된다.

42

Mo 몰리브데넘

Molybdenum | 원자량 95.94
그리스어의 '납(molybdos)'에서 유래.

단단한 은백색 금속이다. 녹는점이 2620℃로 매우 높고, 고온에서도 강도가 잘 유지된다. 철강에 극히 미량의 크로뮴, 몰리브데넘 등을 첨가한 크로뮴 몰리브데넘강(크로몰리강), 인장강도가 크로뮴 몰리브데넘강과 비슷하여 자전거 프레임에 사용되는 망가니즈 몰리브데넘강은 니켈이나 크로뮴과 함께 스테인리스강 등 각종 합금강에 첨가된다.

또한 인간을 비롯한 여러 생물에게 필수원소이며, 인체에는 체중 1kg당 약 0.1mg이 함유되어 있다.

질소고정을 할 수 있는 생물(49~50쪽)은 질소고정효소를 가지고 있다. 질소고정효소의 활성 중심 금속은 크게 몰리브데넘, 바나듐, 철, 이렇게 세 가지 형태가 있다. 질소고정을 하는 생물은 질소고정효소에 의해 질소 분자로부터 암모니아를 합성해낸다.

43

Tc 테크네튬

Technetium | 원자량 99
그리스어의 '인공의(tekhnikos)'라는
말에서 유래.

암 진단에 이용하다

은백색 금속이다. 실질적으로 자연에 존재하지 않는다. 1937년 물리학자 에밀리오 지노 세그레(Emilio Gino Segré, 1905~1989)와 몇몇 학자들이 가속기를 이용해 몰리브데넘에 중수소의 원자핵을 충돌시켜 만들어낸 사상 최초의 인공원소다.

동위원소의 하나인 '테크네튬 99m'은 반감기가 6시간으로 짧고, 방출하는 감마선의 에너지 또한 크지 않아 인체에 비교적 안전하기 때문에 과테크네튬산 소듐 등 이 원소의 동위원소를 함유한 화합물이 방사성 의약품(내장 질환이나 기능을 진단하는 약)의 성분으로 이용되고 있다.

질량수(= 원자핵의 양성자 수 + 중성자 수)가 99인 테크네튬에는 에너지 상태가 높은 것(들뜬 상태)과 에너지 상태가 낮은 것(바닥상태)이 있다. 이는 서로 핵이성체(원자번호, 질량수는 같으나 에너지 상태나 반감기가 다른 원자핵)의 관계에 있다.

에너지 상태가 높은 상태로 오래 지속되는 경우 메타스테이블(metastable, 준안정 상태)이라는 의미에서 'm'이라는 글자를 질량수 뒤에 덧붙여 표기한다. 테크네튬 99m은 원자핵이 오랫동안 들뜬 상태를 유지하며 감마선을 방출해 바닥상태인 테크네튬 99가 된다. 이때 감마선은 에너지 레벨이 낮고 방사되는 시간도 짧기 때문에 인체에 주입되어도 영향이 적다. 이런 성질 때문에 테크네튬 99m을 함유한 화합물을 투여하고 감마선을 방출시켜 인체 내부를 화상화하여 뼈와 심장, 뇌 등의 질환 및 암을 진단한다.

예를 들어 암세포는 테크네튬 99m을 함유한 화합물을 대량으로 흡수하므로 암의 위치와 크기를 진단할 수 있다. 인체에 투여되는 테크네튬 99m 함유 화합물은 소량이며 반감기 또한 약 여섯 시간으로 짧으므로 인체에 미치는 영향은 극히 미미하다.

44 **Ru** 루테늄

Ruthenium | 원자량 101.11
발견자의 출신지인 러시아의 라틴어 명
Ruthenia(루테니아)에서 유래.

광택이 있는 은백색 금속이다. 단단하면서도 무르며, 내식성(부식이 일어나기 어려운 성질)이 높아 금을 용해하는 왕수(王水, 진한 염산과 진한 질산을 1:3으로 혼합한 용액)에도 잘 용해되지 않는다.

백금족 원소(루테늄, 로듐, 팔라듐, 오스뮴, 이리듐, 백금) 중에서도 존재량이 가장 적으며, 다른 백금족 원소들과 함께 산출된다. 다른 백금족 원소와의 합금은 장식품, 만년필 펜촉, 또는 전자기기의 전기접점 재료에 쓰인다. 현재 하드디스크는 기록자기 신호를 수직으로 배열해 기록밀도를 향상시키는데, 기록층 후막(厚膜, thick film)을 만들기 위해서는 루테늄이 필수불가결한 존재다.

45 Rh 로듐

Rhodium | 원자량 102.9
그리스어의 '장미색(rodeos)'에서 유래.
화합물의 수용액이 장미색이 되는 것에서
이름을 따옴.

전성, 연성이 풍부한 은백색 금속이다. 부식에 강하며 광택이 아름다워 카메라 등의 광학계 기기나 장식품 도금으로 이용된다. 팔라듐처럼 기체를 흡수하는 성질이 있다.

로듐, 팔라듐, 백금은 자동차 배기가스 중의 질소 산화물을 질소와 산소로 분해하는 촉매로 쓰인다. 의약품이나 농약, 향료 등을 제조할 때 화학반응을 촉진하는 촉매로도 작용한다.

46
Pd 팔라듐

Palladium | 원자량 106.4
팔라듐보다 1년 먼저 발견된 소흑성
'팔라스(Pallas)'에서 유래되었고, 팔라스는
그리스의 도시 아테네의 수호 여신 팔라스
아테네에서 유래됨.

　기체를 잘 흡수하는 은백색 금속이다. 특히 자기 부피의 900배
이상의 수소를 흡수할 수 있다. 비교적 부드럽지만 기체를 흡수
하면 부피가 증가하면서 강도가 약해진다.

　이른바 '은니'는 금은과 팔라듐의 합금이다(팔라듐이 20% 이상 함
유). 결혼반지 등으로 인기가 있는 백금(플라티늄)이나 화이트골드
(금에 니켈, 아연, 팔라듐 등을 입혀 백금처럼 보이도록 만든 귀금속 합금)
에 색을 낼 때 사용되는 등, 의외로 우리에게 친숙한 금속 원소다.
자동차 배기가스 정화용 등 다양한 반응의 촉매로도 이용된다.

47

Ag 은

Silver | 원자량 107.9
영어 명의 유래는 앵글로색슨어의
'은(sioltur)', 원소기호의 유래는 라틴어의
'밝은, 빛나는(argentum)'에서 유래됨.

은단과 아라잔의 은빛 정체

은색의 아름다운 광택을 지닌 금속이다. 금속 중에서 전기와 열을 가장 잘 전달하는 성질을 가지고 있다. 전성과 연성이 금 다음으로 크며 은 1g을 1800m 이상의 은선으로 늘일 수 있다. 잘 녹슬지 않는 반면 공기 중의 황 산화물과 반응하여 표면에 검은 얼룩을 만든다.

장식품, 식기, 거울 등의 일상용품에서 컴퓨터, 휴대전화 등의 최첨단 전자기기에 이르기까지 매우 광범위하게 이용되고 있다.

브로민이나 아이오딘 등 할로젠과 결합한 화합물에 빛을 조사하면 변색되므로 사진 감광제로서 인화지와 필름, X선 사진 등에 이용된다.

은은 극히 미량이라도 물에 녹으면 은 이온을 형성한다. 은 이온은 박테리아 등에 대해 강한 살균작용을 하므로 항균제로 널리 이용되고 있다. 예부터 우유 속에 은화를 넣거나 음식을 은 식기에 담으면 세균의 번식을 억제해 상하지 않고 오래 보관할 수 있다고 알려져 있다. 생활의 지혜로 은 이온의 살균작용을 이용한 것이다.

케이크를 장식할 때 '아라잔'이라 불리는 은색으로 빛나는 작은 알맹이를 쓰기도 한다. 설탕과 녹말을 섞은 알갱이에 식용 은가루를 입힌 것으로 알맹이의 크기는 다양하며 초콜릿을 장식할 때도 사용된다. 내용물은 설탕가루이므로 케이크나 초콜릿과 함께 먹어도 괜찮다.

'은단'이라 불리는 환약도 표면이 은색이다. 생약을 은박으로 감싼 것으로, 1905년 일본에서 종합보건 약으로 처음 발매되었으며, 지금까지도 구강청량제로 판매되고 있다.

아라잔이나 은단 표면의 은색 부분은 반짝반짝 빛나면서 그야말로 금속 광택을 낸다. 두 표면 모두 전기를 잘 통한다. 성분표시를 자세히 살펴보면 '은(착색료)'이라고 되어 있는데, 이것이 바로 금속 은이다. 아라잔과 은단의 은색 표면은 수만분의 1mm 정도의 아주 얇은 은박이다.

우리 몸속 위장에서는 묽은 염산인 위액이 분비되는데, 은은 염산에 녹지 않고 대부분 그대로 배출된다.

옛날 거울과 지금의 거울

옛날에는 금속 광택을 이용한 거울(청동경)을 사용했다. 거울 자체가 금속이었기 때문에 무거웠다. 게다가 청동경은 사용할수록 점점 표면이 흐려진다. 그래서 일본의 에도 시대에는 거울을 닦는 기술자가 있었다. 매실 장아찌를 담글 때 생기는 매실초로 녹을 제거하고 소량의 수은을 얇게 발라서 반짝이게 만들었다고 한다.

현재의 거울은 표면은 유리, 뒷면은 은도금으로 되어 있다. 또한 은도금이 얇게 보호막으로 덮여 있기 때문에 오랫동안 금속 광택이 유지된다.

황화 수소는 은의 광택을 흐리게 한다

은은 황과 비교적 반응성이 좋기 때문에 황과 함께 가열하거나 황화 수소와 접촉하면 흑색의 황화 은이 생성된다. 황화 수소는 시궁창에서 발생하므로 공기 중에 미량 존재한다.

온천 중에는 황화 수소 냄새가 나는 온천이 있는데, 은 장신구를 착용한 채 이러한 유황온천에 들어가면 은 장신구가 바로 검은 자주색으로 변색된다. 장신구나 은 식기 등을 고무줄로 묶으면 고무에 함유되어 있는 황으로 인해 변질되기도 한다.

예전에 필자가 황화 수소 냄새가 나는 온천에 들어갈 때 용기 속에 은단을 몇 개 넣어 옆에 놔두었더니 표면이 검게 변했다. 은단 표면의 은이 황화 은이 되어 검게 변색된 것이다.

하지만 다행히도 변색된 은을 세척하는 방법이 있다. 알루미늄 포일을 바닥에 간 용기에 중조(탄산수소 소듐)와 끓기 직전의 뜨거운 물을 넣어 은제품을 담가놓는다. 뜨거운 물속에서 중조는 이산화 탄소를 발생하면서 탄산 소듐이 된다. 이때 탄산 소듐 수용액 속의 은과 알루미늄은 일종의 전지와 같은 상태가 된다. 전지 반응에 따라 알루미늄이 이온이 될 때 남겨 진 전자가 황화 은으로 이동하고, 황화 은은 황을 방출하면서 은으로 환원 되는 것이다.

유황온천에 들어갈 때는 은 장신구를 조심하세요!!

48

Cd 카드뮴

Cadmium | 원자량 112.4
그리스어의 '카드메이아(cadmeia, 흙)'에서
유래. 그 어원은 그리스신화에 나오는
페니키아 전설 속의 왕자 카드무스
(Cadmus)에서 유래됨.

은백색의 부드러운 금속이다. 일반적으로 아연과 함께 얻어진다. 주기율표에서 카드뮴은 아연 바로 아래에 위치하며, 아연과 화학적 성질이 유사하다.

도금 물질로 사용되며, 카드뮴 도금은 아연 도금보다 방수(防銹, 녹스는 것을 예방) 효과가 크다. 충전 방전이 가능한 니카드(니켈-카드뮴) 전지의 전극으로도 사용된다. 한편 황화 카드뮴은 카드뮴옐로라는 명칭의 안료로 쓰인다. 물감의 노란색이 바로 카드뮴옐로다.

카드뮴은 인체에 유해하다. 일본의 4대 공해 중 하나인 '이타이

이타이 병'은 도야마 현 진즈강 상류에 있는 아연 정련소에서 배출된 광폐수에 함유된 카드뮴이 원인이었다. 병명은 조금만 움직여도 온몸에 극심한 통증이 생겨 환자들이 밤낮 할 것 없이 "이타이 이타이(아프다 아프다)"를 외친 데서 붙여진 이름이다. 최근에는 카드뮴의 독성 때문에 그 이용이 제한적이다.

49

In 인듐

Indium | 원자량 114.8
라틴어의 'Indicum(쪽빛, 남색, 인디고블루)
에서 유래. 불꽃반응에서 나타내는 남색
때문에 인듐이라는 원소명이 붙었다.

칼로 자를 수 있을 만큼 부드러우며, 비교적 녹는점이 낮은 은백색 금속이다. 희귀금속 가운데 하나다. 인듐, 주석, 산소의 화합물인 산화 인듐 주석(ITO)은 전기가 통하는 성질과 박막으로 만들면 투명해지는 성질이 있어 액정디스플레이 전극으로 사용된다.

인듐은 아연을 정련할 때 부산물로 얻어진다. 일본 삿포로 근교의 도요하 광산은 세계 최대의 인듐 광산이었다. 그러나 2006년 2월 채굴과 조업이 중지되면서 세계 제1의 산출량인 인듐 공급원을 상실했다. 현재는 인듐을 액정디스플레이의 재활용과 수입으로 충당하고 있다.

인듐은 산출 지역이 중국 등으로 제한되어 있기 때문에 자원 고갈이 우려되는 금속이다. 또한 산화 인듐 주석 막은 무르고 구부러짐에 약하기 때문에 투명성과 전도성(電導性)이 있는 유연한 대체물질의 연구가 전 세계적으로 진행되고 있다.

50 Sn 주석

Tin | 원자량 118.7
라틴어의 '주석(Stannum)'에서 유래.

비교적 부드럽고 녹는점이 낮은 은백색 내지는 회색 금속이다. 동위원소가 많고, 안정 동위원소 10개를 비롯한 약 40종이 알려져 있다. 또한 색이 다른 여러 개의 동소체를 가지고 있다.

상온에서 안정한 백색 주석(은백색)은 결정성인데, 13℃ 이하의 저온이 되면 무정형(결정을 만들지 않는)의 회색 주석으로 변한다. 회색 주석은 약하므로 저온에 놓인 주석 제품은 삭아버린다. 이를 주석 패스트 현상이라 부른다.

도금이나 합금으로 널리 이용되며, 강철에 도금한 것, 즉 주석을 도금한 것을 '양철(blik)', 구리 합금을 '청동', 납 합금을 '땜납'

이라고 한다. 주석 합금은 독특한 빛깔과 울림 때문에 파이프오르간이나 범종의 재료로 사용된다.

주석 페스트가 역사에 미친 영향

주석 페스트는 역사에 종종 등장하는 현상이다. 겨울 추위가 매서운 러시아의 상트페테르부르크에는, 오르간 연주자가 주석 파이프로 만든 교회 파이프오르간의 첫 화음을 울리는 순간 오르간이 무너져버렸다는 전설이 전해 내려오고 있다.

1812년 겨울 러시아를 공격한 나폴레옹 군이 패배한 것은 혹한 지역에서 주석으로 만들어진 병사들의 옷단추가 부서져 없어졌기 때문이라는 설이 있다. 그럴듯한 이야기지만 많은 역사가들은 반론을 제기한다. 단추가 주석으로 만들어졌는지에 대한 진위 여부가 의심스럽다는 것이다. 패배할 수밖에 없었던 작전상의 실수를 주석 페스트 탓으로 돌린 면이 없지 않아 보인다.

1911년 11월 탐험가 로버트 F. 스콧이 이끄는 영국 탐험대가 세계 최초로 남극점 정복에 나섰고 이듬해 1월 남극점을 찍었다. 그러나 노르웨이의 아문센이 한 달 먼저 정복했다는 사실을 알고 실의에 빠진 채 고국으로 발걸음을 돌렸다. 그런데 중간 지점에 가서 묻어두었던 식량과 연료가 들어 있는 깡통을 살펴보니, 내용물이 모두 흘러나와 있었다. 결국 스콧 탐험대는 3월 하순에 모두 동사하고 말았다.

　그 원인을 두고 그들이 지녔던 땜납의 주석 깡통이 주석 페스트를 일으킨 것이라고 추측하는 설이 있다. 깡통을 열었더니 안이 텅 비어 있었다는 것은 스콧의 일기장 내용으로 볼 때 틀림없는 사실이다. 정말로 주석 페스트 때문인지는 확실치 않다. 주석 페스트가 일어나려면 주석 순도가 매우 높아야 하는데, 깡통이 비었다는 사실로 볼 때 주석 페스트일 가능성도 배제할 수 없다.

칼럼

원자번호와 양성자 수와 전자 수

원자의 중심에는 양성자와 중성자로 이루어진 원자핵이 있다. 원자핵 주변에는 양성자와 같은 개수의 전자가 있다. 전자는 매우 가벼우므로 원자 한 개의 질량은 거의 원자핵(=양성자 + 중성자)의 질량과 같다.

주기율표의 한 칸을 차지하는 원소는 원자핵 속의 양성자와 원자핵 주변의 전자의 수가 정해져 있다. 원소에 붙여진 번호를 원자번호라 하며, '원자번호=양성자 수=전자 수'가 된다. 원자번호를 알면 그 원소의 원자는 원자번호와 같은 수만큼의 양성자와 전자를 갖는다는 사실을 알 수 있다.

주석 도금, 양철은 어디에 쓰일까

주석과 철 중에 철이 이온화 경향(양이온이 되는 경향)이 더 크다.

철보다는 덜 부식되는 주석을 철 표면에 도금한 것이 양철이다. 양철은 반응성이 낮은 주석이 표면을 덮고 있으므로 긁히지 않는 한 잘 부식되지 않는다.

깡통의 안쪽은 양철, 즉 주석으로 도금되어 있다. 안쪽은 외부로 노출되지 않아서 잘 긁히지 않기 때문이다.

일단 표면에 상처가 나면 주석으로 감싸고 있던 철이 점점 이온화되어 용출되면서 계속 부식된다(철이 반응성이 크므로). 그러나 용출되는 철 이온은 무해하므로 큰 문제는 없다.

과일 통조림의 깡통도 안쪽이 양철이다. 개봉해서 바깥공기에 노출되면 주석이 용출되므로, 과일 통조림을 개봉하면 음식물을 바로 다른 용기로 옮기는 것이 좋다.

51 Sb 안티모니

Antimony | 원자량 121.8
예부터 아이섀도로 사용되어 라틴어의
'눈썹먹(Stibium)'이라고 부른 데서 유래.

붕소나 비소 등과 함께 준금속이라 불리며, 반도체와 유사한 성질을 갖는다. 금속 광택이 있는 은백색의 금속 안티모니 외에 흑색 안티모니, 황색 안티모니 등의 동소체가 있다.

진위 여부는 확실치 않으나 클레오파트라가 안티모니 광물인 휘안광(輝安鑛, 성분은 황화 안티모니) 분말을 아이섀도로 사용했다는 일화가 있다. 그 독성을 이용해 파리가 얼굴에 앉지 못하게 하고 알을 까지 못하도록 만드는 것이 목적이었다. 절세 미녀로 유명한 클레오파트라가 애용했다는 사실이 알려지면서 미용 용도로 아이섀도가 유행했다고 한다. 비소나 수은만큼은 아니지만 독성이 강하여 현재는 아이섀도로 사용되지 않는다.

안티모니는 합금 첨가물로도 사용된다. 그 밖에 삼산화 안티모니는 연소를 억제하는 난연제(방연제)로 사용되며, 실험용 가운이나 커튼 섬유에 첨가된다.

52

Te 텔루륨

Tellurium | 원자량 127.6
라틴어로 '지구'를 의미하는 텔루스(tellus)
가 어원.

DVD에 사용되는 원소

은백색 금속이다. 도자기, 에나멜, 유리에 빨간색이나 노란색을
입힐 때 쓰인다.

홑원소 물질 및 화합물에는 독성이 있으며, 체내에 흡수되면 대
사되면서 텔루륨 호기라 불리는 마늘 냄새가 난다.

DVD-RAM과 DVD±RW의 기록층에 텔루륨 합금이 사용된
다. 재기록이 가능한 DVD는 유전체층(誘電體層), 기록층, 반사층
과 같은 박막들이 적층된 다중 구조로 이루어져 있다.

DVD의 원리는 결정과 무정형 간의 변화를 이용한 것이다. 결

정은 원자와 이온이 규칙적으로 배열된 상태이고, 무정형은 무질서한 상태다. 무정형은 기체나 액체가 고체로 급격히 동결될 때 생성된다. 유리는 무정형의 대표적인 물질이다.

집광한 레이저광으로 기록층을 가열하면 가열 전에는 결정 상태였던 합금이 원자 배열이 크게 불규칙해지는 액체 상태를 순간적으로 거치게 되는데 이때 초급냉시키면 국소적으로 무정형 상태가 된다.

기록을 재생하기 위해서는 무정형 상태에서 결정화되지 않을 정도의 약한 레이저광을 조사하여, 결정과 무정형의 반사광의 강도 변화를 검출한다. 기록 소거는 레이저광을 조사해 무정형을 결정화시킨다.

DVD±RW에서 사용되는 것은 은·인듐·안티모니·텔루륨(Ag·In·Sb·Te) 합금이며, DVD-RAM에서 사용되는 것은 저마늄·안티모니·텔루륨(Ge·Sb·Te) 합금이다.

53

아이오딘

Iodine | 원자량 126.9
그리스어로 '보라색'이라는 의미의
ioeides가 어원.

부족해도, 많아도 갑상샘에 영향을?

할로젠족에 속하며, 광택이 있는 검은 자주색 결정성 비금속 고체로 승화성(고체에서 직접 기체가 되는 성질)이 있다.

가글약과 소독약, 방부제로 사용된다. 전분에 떨어뜨리면 보라색이 되는 아이오딘 용액은 아이오딘을 아이오딘화 포타슘 수용액에 녹인 것이다.

아이오딘은 갑상샘 호르몬을 합성하는 데 필요하므로 인간에게 필수 원소다. 한편 해조류는 해수 중에 함유되어 있는 아이오딘을 농축하고 축적한다. 그래서 적정한 양의 해조류는 반드시 섭취해야 한다. 해조류를 먹지 않는 경우 아이오딘 결핍증이 생길 수도 있다.

원자로 사고가 일어나면 방사성 아이오딘 131이 대량으로 방출되는데, 이것이 체내에 흡수되어 갑상샘에 축적되면 갑상샘암에 걸릴 위험이 높아진다. 실제로 체르노빌 원전 사고로 많은 주민들에게서 갑상샘암이 발병했다. 아이오딘 131로 오염된 우유를 마시면서 내부피폭된 것이 주원인이었다.

일본 지바 현 구주 구리하마 해안 일대의 지하수층에는 천연가스와 함께 대량의 아이오딘이 함유되어 있다. 자원이 부족한 일본에서 보기 드물게 아이오딘 생산량은 세계 제2위로, 아이오딘은 일본의 매우 귀중한 수출 자원이다. 과거에는 1위였으나 근래에 칠레에게 선두 자리를 내주었다.

하수도 슬러지의 방사성 아이오딘

간혹 하수도 슬러지(sludge, 하수처리장, 정수장, 공장 폐수처리시설 등에서 발생하는 액체 상태의 부유물질로 오니汚泥라고도 한다. - 옮긴이)에서 방사성 아이오딘 131이 검출되었다는 뉴스가 보도되기도 한다.

이것을 두고 "지금도 여전히 후쿠시마 제1원전에서 방사성 물질이 유출되고 있다"거나 "하마오카 원전에서 방출되고 있다"라고 말한다. 그러나 만약 이것이 사실이라면 하수처리장이 아닌 다른 곳에서도 방사성 아이오딘이 빈번하게 검출되어야 하며, 방사성 아이오딘뿐만 아니라 방사성 세슘도 하수처리장에서 검출되어야 한다.

아이오딘 131의 반감기는 약 8일이므로 몇 달만 지나면 아이오딘 131은 붕괴되어 사라진다. 그렇다면 아이오딘 131이 계속 검출되는 이유는 무엇일까?

아이오딘 131이 함유된 약제는 갑상샘 중독증(갑상샘기능항진증)과 일부 갑상샘암의 치료에 사용된다. 또한 갑상샘 크기를 측정하는 진단용 핵의학 검사에도 쓰인다. 환자가 이러한 약제를 복용하면 변이나 소변으로 아이오딘 131이 배출된다. 이것이 하수도에 들어가 하수처리장의 오니가 되는 것으로 추정된다.

칼럼

질량수 = 양성자 수 + 중성자 수

주기율표 한 칸을 차지하는 원소에는 원자핵의 양성자 수는 같으나 중성자 수가 다른 것이 있다. 이를 동위원소(아이소토프)라고 한다.

예를 들어 자연에 존재하는 우라늄(U)에는 동위원소가 세 종류 있다. 양성자 수는 모두 92지만, 중성자 수가 142, 143, 146인 것이 있다. 이들을 '핵종'이 다르다고 말한다.

구별하기 위해 양성자 수와 중성자 수를 더한 질량수를 ^{234}U, ^{235}U, ^{238}U처럼 원소기호의 왼쪽 위에 기호로 표시하고 각각을 우라늄 234, 우라늄 235, 우라늄 238이라 읽는다.

54 Xe 제논

Xenon | 원자량 131.3
그리스어의 '낯선 사람' 또는 '낯선'이라는
뜻의 제노스(xenos)에서 유래.

제논 전구는 수명이 길다

무색무취의 무거운 비활성 기체다. 유리관에 넣고 전압을 걸어 방전시키면 강력한 백색광을 내는 성질이 있다. 즉, 제논 전구는 비활성 기체 원소인 제논을 봉입한 방전관의 일종이다. 제논 전구는 필라멘트를 사용하지 않기 때문에 내구성이 매우 크다. 최근 자동차에 쓰이는 헤드라이트가 바로 제논 전구다.

양단의 전극(음극과 양극)에 고전압을 걸면 음극에서 전자가 튀어나와 양극으로 가속된다. 그 도중에 전자가 제논 원자와 충돌하면 제논 원자는 높은 에너지 상태로 들뜨게 되고(들뜬 상태), 이

것이 원래 에너지 상태로 되돌아올 때 빛을 방출하는 것이다.

적색으로 발광하는 네온관과 달리 제논은 태양광(백색)에 가까운 빛(연속 스펙트럼)을 내는 것이 특징이다. 또한 백열전구와 같은 필라멘트를 사용하지 않으므로 필라멘트 방식보다 전력소비가 낮고 이론상으로는 전구가 '나가는' 일이 없어 수명이 길다. 이러한 이유로 영사기뿐만 아니라 프로젝터의 광원, 카메라의 스트로보(strobo, 카메라 외장 플래시 조명)에도 사용된다.

칼럼

안정 동위원소와 방사성 동위원소

동위원소(양성자 수가 같고 중성자 수가 다른 원자)에는 방사능이 없는 안정 동위원소와 방사능이 있는 방사성 동위원소(라디오아이소토프)가 있다. 방사능이란 '알파선, 베타선, 감마선 등의 방사선을 방출하는 능력'이다. 방사성 동위원소는 방사선을 방출하면서 다른 원자핵으로 바뀐다.

예를 들어 탄소의 경우 자연계에 세 종류의 동위원소, 즉 탄소 12(존재비 98.93%), 탄소 13(1.07%), 탄소 14(미량)가 있다. 이 중 탄소 12와 탄소 13은 안정 동위원소이며 탄소 14는 방사성 동위원소다.

3장

원자번호 55~86

Cs Ba La Ce Pr Nd Pm Sm Eu Gd Tb Dy Ho Er Tm Yb Lu Hf Ta W Re Os Ir Pt Au Hg Tl Pb Bi Po At Rn

55

Cs 세슘

Cesium | 원자량 132.9
라틴어의 '하늘의 파란색(푸른 하늘)'
이라는 뜻의 캐시우스(caesius)에서 유래.

방사능 유출 때 가장 먼저 발견되는 원소

매우 부드럽고 연성이 뛰어난 은백색 알칼리 금속이다. 녹는점
이 28℃(수은 다음으로 낮음)이므로 쉽게 액체로 만들 수 있는 금속
가운데 하나다. 양이온이 되기 쉬운(양성이 강한) 원소이기 때문에
저온에서도 물과 격렬하게 반응하고 쉽게 자연 발화하므로 위험
물질로 지정되어 있다.

알칼리 금속 중에서는 프랑슘이 원자번호가 가장 크다. 그런데
프랑슘은 자연에 극히 미량만 존재하며 방사성 붕괴(방사선을 방
출하면서 원자번호가 작은 다른 원소로 붕괴하는 것) 속도가 너무 빨라

그 성질에 대해 잘 알려져 있지 않다. 성질이 잘 알려진 원소 가운데 가장 양성이 강한 원소가 세슘이다.

세슘은 후쿠시마 제1원전 사고에 관한 뉴스에서 자주 언급되었던 원소다. 원전 사고나 원자력 시설에서 방사능이 유출되면 가장 먼저 발견되는 방사성 원소가 세슘인데, 특히 세슘 134 및 세슘 137과 같은 방사성 핵종들이다. 반감기는 각각 30년과 2년이다. 같은 알칼리 금속에 속하는 소듐이나 포타슘과 같이 인체에 중요한 원소들과 화학적 성질이 유사하므로 인체에 잘 흡수된다.

원자시계에 사용되다

천연에 존재하는 세슘은 세슘 133으로, 이는 비방사성인 안정 동위원소다. 세슘 133은 현재 시각의 기준이 되는 세슘 원자시계에 쓰인다.

예전에 '1초'는 지구가 태양을 도는 공전주기를 바탕으로 결정되었다. 그런데 1967년 이후 세슘의 성질을 이용하는 기준으로 바뀌었다. 1967년에 개최된 제13회 국제 도량형 총회에서 1초 길이를 '바닥상태에 있는 세슘 133 원자에서 전이가 일어날 때 발생 혹은 흡수되는 고유한 전자파의 주파수, 즉 세슘 133 전자파가 91억 9263만 1770번 진동하는 데 걸리는 시간'으로 정의했다.

원자는 어느 고유한 진동수의 빛이나 전자파를 흡수하면 에너지 상태가 높아지고, 원래 에너지 상태로 돌아갈 때 방사하는 성질이 있다. 세슘 원자의 경우 마이크로파라 불리는 전파를 흡수하거나 방출한다. 세슘 원자시계는 이 전파의 진동수가 91억 9263만 1770회일 때를 1초로 정의한 것이다.

최신 세슘 원자시계는 10^{15}분의 1이라는 정확도를 자랑한다. 이는 공룡이 멸종한 6500만 년 전부터 지금까지 약 2초 정도의 오차밖에 나지 않을 정도로 정확도가 매우 높다.

세슘 원자시계는 전(全) 지구위치측정시스템(GPS) 등에도 이용된다.

칼럼

주기율표는 화학의 근본이 되는 '지도'와 같다

원소가 주기율표의 어느 위치에 있느냐를 보면 원소의 화학적 성질을 대략적으로 예측할 수 있다. 그래서 주기율표는 화학의 근본이 되는 '지도'라고 할 수 있다.

주기율표의 세로줄을 족이라고 하며, 1~18족까지 있다. 각 족을 알칼리 금속(수소를 제외한 1족), 알칼리 토금속(베릴륨, 마그네슘을 제외한 2족), 할로젠(17족), 비활성 기체(18족) 등과 같이 각 명칭으로 부르기도 한다.

또한 주기율표의 가로줄을 주기라고 하며, 위에서부터 차례로 제1주기, 제2주기, 제3주기……로 부른다.

56 Ba 바륨

Barium | 원자량 137.3
그리스어의 '무겁다'라는 의미의 배리스
(barys)에서 유래.

바륨 이온은 유독하다, 그럼 '바륨'은?

은백색 금속이며, 알칼리 토금속족이다.

바륨은 2족의 칼슘 이하의 알칼리 토금속 중에서 방사성 라듐을 제외하면 밀도가 가장 크다. 화합물도 대부분 밀도가 크다.

바륨의 불꽃반응은 초록색이다. 아세트산 바륨은 폭죽 재료로도 사용된다. 또한 바륨에는 방사선 진단 검사의 X선을 잘 통과시키지 않는 성질이 있다.

은백색 금속인 바륨 홑원소 물질을 먹는 경우는 없다. 만약 바륨 홑원소 물질을 입에 넣는다고 가정해보자. 바륨은 침의 수분과 반응해서 수소 가스를 발생시키며 녹을 것이다. 이때의 반응은 다음과 같다.

바륨 + 물 → 수산화 바륨 + 수소

수산화 바륨 수용액은 강알칼리성으로 입안의 점막이나 식도벽을 손상시키면서 위로 들어간다. 위액은 묽은 염산이므로 알칼리성인 수산화 바륨과 산성인 염산이 만나면 중화반응이 일어나 염화 바륨과 물이 생긴다. 이 반응은 발열반응이므로 뱃속이 뜨거워질 것이다.

그럼 그다음에는 어떻게 될까?

염화 바륨은 물에서 염화이온과 바륨 이온으로 분리된다.

녹아서 이온 상태가 되므로 소화관에서 체내로 흡수되어 제일 먼저 소화관 근육을 수축시킬 것이다. 그리고 체내에 흡수된 바륨 이온은 신경계에 영향을 미쳐 부정맥이나 떨림, 근력저하, 불안, 호흡곤란, 마비 등을 일으킬 것이다. 그러므로 바륨 홑원소 물질(은백색 금속)은 복용하면 절대로 안 된다.

그렇다면 위장관 조영술에서 복용하는 '바륨'이라 불리는 하얀 액체는 과연 안전할까?

이 '바륨'의 정체는 황산 바륨이다. 바륨은 X선을 잘 통과시키지 않아서 그 화합물인 황산 바륨 또한 X선을 잘 통과시키지 않는다. 그리고 물에 거의 녹지 않는다. 바륨은 이온이 되므로 세포나 조직에 흡수되어 독성을 나타내지만, 황산 바륨은 물이나 묽은 염산에 녹지 않으므로 안정성이 높다. 따라서 '바륨'이라 불리는 하얀 액체는 황산 바륨을 물에 녹인 것이 아니라 확산시킨 것이다. 황산 바륨은 체내에 흡수되지 않고 최종적으로 대장에서 물만 흡수된 뒤 직장으로 보내진다.

핵분열의 발견

19세기 말부터 20세기 초에 라듐 등의 방사성 원소와 전자, 원자로부터 튀어나오는 신비로운 방사선들이 잇따라 발견되었다.

원자로부터 뭔가 작은 '입자'가 튀어나온다는 사실은 원자란 물질의 최소단위이며 붕괴되지 않는 입자라는 생각을 크게 흔들어놓았다.

1938년 말 독일의 오토 한(Otto Hahn, 1879~1968)은 중성자를 우라늄에 충돌시킬 때 만들어지는 물질 가운데 바륨과 매우 비슷한 물질이 있다는 것을 발견했다. 그러나 당시에는 그것이 우라늄이 중성자를 흡수한 결과 만들어지는, 우라늄보다 원자번호가 큰 원소인 초우라늄 원소(transuranic element)이거나, 우라늄 근처의 원소일 것이라고 생각했다.

오토 한은 처음에는 우라늄이라고 생각했지만, 화학적인 시각으로는 바륨으로 볼 수밖에 없다고 생각했다. 이 결과를 공표하기 전, 스웨덴으로 피신해 있었던 유대계 여성 물리학자이자 예전 동료인 리제 마이트너(Lise Meitner, 1878~1968)에게 이를 알렸다. 그녀는 우연히 스웨덴에 와 있었던 조카 오토 프리슈(Otto Frisch, 1904~1979)와 함께 이 결과를 어떻게 해석할 것인지에 대해 논의했고, 그 결과 이것에 '핵분열' 현상이라는 이름을 붙이고 이론적으로 설명해냈다.

그러나 1944년 핵분열의 발견이라는 공적으로 오토 한에게만 노벨화학상이 수여되었고, 마이트너는 수상자 명단에서 제외되었다. 핵분열에 이론적인 근거를 제시하는 등 매우 중요한 공헌을 했음에도 불구하고 그녀는 노벨상에서 제외되었고, 유대인이라는 이유로 베를린 대학교 교수직을 사직하고 나치의 핍박을 피해 망명해야만 했다.

이렇듯 마이트너는 비운의 여성 과학자였다. 그러나 사후에 109번 원소 이름을 그녀의 이름에서 따와 '마이트너륨'이라고 명명함으로써 그녀의 공적은 과학 역사에 영원히 새겨졌다.

57 La 란타넘

Lanthanum | 원자량 138.9
그리스어 '감추어진'이라는 뜻의
lanthanein에서 유래.

하이테크 제품에 없어서는 안 될 란타넘족 원소들

란타넘은 은백색 금속이다. 주기율표에서 보면 원자번호 57번째 란에 '란타넘족'이라고 쓰여 있다. 원자번호 57번째의 란타넘 La에서부터 원자번호 71번째의 루테튬 Lu까지 열다섯 개의 원소가 화살표로 배열되어 있다. 이 그룹에 속한 원소들은 모두 비슷한 화학적 성질을 가지고 있기 때문에 매우 근소한 성질의 차이를 이용해 분리해야 한다. 란타넘은 이러한 란타넘족 원소들의 대표 원소다.

이들 열다섯 개의 원소는 주기율표에서 보면 주기율표의 메인에서 벗어나 아래쪽에 놓여 있어 뭔가 특별한 그룹처럼 보인다. 그러나 사실은 그렇지 않다. 메인 주기율표에 넣으면 주기율표의 가로 폭이 너무 길어져 보기 불편하다는 이유로 바깥으로 뺐을 뿐이다.

란타넘족 원소들은 란타넘과 마찬가지로 모두 은백색 금속으로 성질 또한 모두 유사하다. 물과 반응하여 수소를 발생시키고, 탄소, 질소, 규소, 인 등과 고온에서 반응한다. 이온이 되면 3가 양이온이 된다.

란타넘족은 하이테크 제품의 재료로 중요하게 쓰이는 것들이 많다. 스칸듐과 이트륨을 포함시킨 원소군을 희토류(레어 어스)라고 하며, 모두 열일곱 개의 원소가 있다. 희토류의 '어스(earth, 土)'는 금속 산화물을 의미한다. '레어(rare, 稀)'는 '희귀하다, 드물다'라는 뜻인데, 지각 중의 존재량으로 보면 그렇게 적은 양이라고는 할 수 없다.

유로퓸이나 네오디뮴, 이터븀, 홀뮴, 란타넘은 우리 주변에서 흔히 볼 수 있는 구리나 아연과 존재량이 비슷하다. 그러나 희토류 원소는 광석에서 분리하기가 어렵고 가공 또한 용이하지 않으므로 수요에 비해 품귀현상이 일어나기 쉽기 때문에 '레어'한 것이다.

'희토류(레어 어스)'와 비슷한 단어로 '희소 금속(레어 메탈)'이 있다. 희소 금속은 '지구상의 존재량이 희박하거나 기술적, 경제적 이유로 추출이 어려운 금속 가운데 현재 공업적 수요가 있고 앞으로도 수요가 있을 것이며, 미래의 기술혁신에 따라 새로운 공업적 수요가 예측되는 것'이라고 정의된다.

해당하는 원소는 47가지에 이른다. 그중에서도 특히 스칸듐, 이트륨, 란타넘족의 희토류가 중요하다.

금속은 미량의 불순물을 혼합시키면 성질이 크게 변하는 경우가 있다. 희소 금속은 금속의 성질을 미세하게 조정하는 데 사용된다. 희소 금속은 하이테크 소재에 소량만 첨가해도 성능이 비약적으로 향상되기 때문에 '산업 비타민'이라 불리기도 한다.

주요 용도로는 TV, 휴대폰을 비롯한 전자기기에 쓰인다.

하이브리드 자동차 배터리의 재료

건전지의 대체재, 노트북 등 휴대 전자기기의 전원, 하이브리드 자동차의 전원 등으로 니켈 수소 배터리(Ni-MH)가 쓰인다. 이들 중에서 노트북 등 휴대 전자기기는 리튬 이온 배터리로 대체되었지만, 건전지의 대체재와 하이브리드 자동차의 전원에는 여전히 니켈 수소 배터리가 쓰이고 있다.

앞으로 리튬 이온 배터리의 안전성이 향상되고 가격이 떨어진다면 하이브리드 자동차도 리튬 이온 배터리로 대체될 것이다.

배터리 제품의 재활용 마크에서 볼 수 있는 'Ni-MH'라는 표시는 니켈 수소 배터리를 의미한다. 여기서 Ni는 니켈, MH는 금속(메탈)에 수소(H_2)를 흡장(occlusion, 고체의 내부에 기체가 가역적으로 흡수되는 현상)시킨 것을 재료로 사용하고 있음을 의미한다. 니켈 수소 배터리는 양극에 옥시 수산화 니켈, 음극에 란타넘과 니켈 등으로 구성된 수소 흡장 합금, 그리고 약 40%의 수산화 포타슘 수용액의 전해질로 이루어져 있다. 도요타 프리우스 자동차 한 대에 장착된 니켈 수소 배터리에는 란타넘이 5~7kg 들어 있다.

칼럼

원소의 주기율표와 홑원소 물질의 상태

비금속 원소의 홑원소 물질 대부분은 분자로 구성되어 있으며, 고체에서는 분자로 구성된 결정이 된다. 상온(약 25℃)에서 수소, 질소, 산소, 플루오린, 염소 등은 기체, 브로민은 액체, 아이오딘, 인, 황 등은 고체로 존재한다. 탄소나 규소의 홑원소 물질은 거대분자로 이루어진 결정체이며 녹는점이 높다. 비활성 기체 원소의 홑원소 물질은 상온에서 기체이며 단원자분자(한 개의 원자로 이루어진 분자)로 존재한다. 금속 원소의 홑원소 물질은 수은만 상온에서 액체이며, 나머지 다른 금속의 홑원소 물질은 상온에서 고체다.

58 Ce 세륨

Cerium | 원자량 140.1
소혹성 세레스(Ceres, 로마신화에 나오는 곡물의 여신)에서 유래.

은백색 금속이다. 산화 세륨은 유리에 첨가하면 자외선을 강하게 흡수하므로 선글라스나 자동차 창문 유리에 쓰인다. 디젤 자동차의 엔진에 촉매로 사용하면 디젤과 공기의 연소를 촉진시켜 배기가스에 함유되는 PM(대기오염물질을 포함한 입자로 된 물질)을 줄일 수 있다. 유리와 화학반응을 일으키지 않고 연마 효과가 높아 유리 연마제로 사용된다.

세륨은 발화되기 쉬운 성질을 가지고 있다. 세륨과 철의 합금인 플린트(flint, 발화석)를 강하게 마찰하면 플린트 파편이 마찰열로 발화된다. 라이터 중에는 이러한 현상을 이용한 종류도 있다.

59

Pr 프라세오디뮴

Praseodymium | 원자량 140.9
그리스어 '초록색(prasios)'과 '쌍둥이
(didymos)'를 합친 말로, '녹색 쌍둥이'
라는 뜻.

은백색의 부드러운 금속이다. 공기 중에서 산화된 표면은 황색을 띤다. 공업적 용도는 많지 않으며 여러 가지 무기물인 각종 염류들이 도자기의 황록색 유약으로 쓰인다.

60 Nd 네오디뮴

Neodymium | 원자량 144.2
그리스어 새롭다는 뜻의 'neos'와 쌍둥이
'didymos'의 합성어(새로운 쌍둥이)에서
유래.

세계 최강의 네오디뮴 자석

은백색 금속이다. 현존하는 자석들 가운데 가장 강력한 네오디뮴 자석은 네오디뮴, 철, 붕소로 만들어진다. 이 자석은 스미토모 특수금속[住友特殊金属]의 사가와 마사토[佐川眞人] 연구팀에 의해 개발되었으며 모터나 스피커 등에 이용된다. 네오디뮴 자석은 시중에서도 쉽게 구입이 가능하다.

먼저 주요 자석의 발명과 개발에 관한 역사를 살펴보자. 탄소 함유량이 2% 이하인 철과 탄소의 합금을 강철이라고 하며, 철이 주성분인 자석을 자석강이라고 한다.

혼다 고타로[本多光太郎] 박사는 제2차 세계대전 이전의 자석 성능을 훨씬 뛰어넘는 KS 강이라는 자석을 개발하여 세계를 놀라게 했다. 1931년에는 미시마 도쿠시치[三島德七]가 MK 강을 개발했고, 그 이후 혼다는 MK 강의 성능을 뛰어넘는 신 KS 강을 개발했다. 예전부터 초등학교 과학실에 비치되어 있는 막대자석들은 이러한 자석강들이다.

비슷한 시기에 가토 요고로[加藤与五郎]와 다케이 다케시[武井武]가 오늘날의 페라이트 자석의 근간이 된 OP 자석을 개발했다. 페라이트 자석은 스틸 흑판이나 냉장고 문 등에 붙이는 흑색 자석이다.

OP 자석은 이전의 몇 가지 금속 합금과는 달리 철·코발트 혼합 산화물이 재료로 사용되었다. 금속 산화물이 강력한 자석이 된다는 사실을 발견함으로써 오늘날 대량 생산되고 있는 페라이트 자석을 개발하는 기초를 마련한 것이다. 페라이트 자석은 원료가 철 산화물 분말이며 가장 일반적인 자석이다.

한편 알니코 자석은 알루미늄, 니켈, 코발트 등이 원료로 사용된다. 초등학교 과학실에 비치된 U자형 자석은 대부분 알니코 자석이며 자석강보다 훨씬 강력하다.

1970년대 전반에는 서구에서 사마륨·코발트 자석이 개발되었다. 매우 강력한 이 자석의 등장으로 초소형 모터와 스피커 제

작이 가능해졌고 전자기기의 슬림화가 가속화되었다. 사마륨·
코발트 자석은 희토류인 사마륨을 함유하고 있기 때문에 희토류
자석이라 불리며 더 이상의 고성능 자석은 출현하지 않을 것이라
고 예측되었다. 그만큼 고성능이었던 것이다.

서구에서 사마륨·코발트 자석을 개발함에 따라 한때 '자석 왕
국'이라 불렸던 일본의 명성이 뿌리째 흔들렸다. 그러나 일본의
사가와 마사토가 같은 희토류 자석이면서 사마륨·코발트 자석
보다 훨씬 강력한 네오디뮴 자석을 발명했다.

네오디뮴은 사마륨보다 지각에 존재하는 양이 더 많으며 네오
디뮴 자석의 또 다른 재료인 철이나 붕소 또한 코발트보다 지각
에 다량 존재하기 때문에 가격이 훨씬 저렴하다.

네오디뮴 자석은 사마륨·코발트 자석에 비해 밀도가 작으면
서 기계적 강도는 약 2배 정도 더 크다. 따라서 밀도가 작아 장치
의 경량화가 가능하며 기계적 강도가 크므로 가공 작업 및 조립
작업 중의 자석 취급이 용이하다는 장점이 있다.

이러한 강력한 자기장을 이용하여 전자석이 아닌 영구자석으
로 의료용 MRI를 제작할 수 있게 되었다.

네오디뮴 자석은 현존하는 자석들 가운데 여전히 세계 최고의
성능을 자랑한다. 구성 성분으로 철이 들어가 있어 녹슬기 쉽다
는 단점도 있으나 표면에 니켈 도금을 함으로써 녹을 방지하는

등 개량화가 이루어지고 있다.

네오디뮴 자석에 지폐가 붙는다

네오디뮴 자석을 책상 위에 놓고 손가락으로 휙 돌리면 N극과 S극이 항상 남과 북을 가리키며 멈춘다. 자석을 실에 매달지 않아도 지구의 자기장 방향을 가리키는 것이다. 네오디뮴 자석을 비닐봉지에 넣고 돌멩이에 가까이 대면 사철 같은 작은 알맹이뿐만 아니라 꽤 큰 돌까지도 붙는다.

한편 지폐를 잘 움직이도록 반으로 접어서 책상 위에 올려놓은 다음 네오디뮴 자석을 갖다 대면 지폐가 붙는다. 이는 자성체를 혼합한 자성 잉크를 지폐의 인쇄 잉크로 사용했기 때문이다. 이런 잉크를 쓰는 이유는 지폐 위조를 방지하기 위해서이며, 이러한 성질은 자동판매기 등에서 지폐 식별의 한 정보로 사용된다.

61

Pm 프로메튬

Promethium | 원자량145
그리스의 신 프로메테우스(Prometheus,
인간에게 불을 전해준 신)에서 유래.

은백색 금속이다. 란타넘족 중에서 유일한 인공 방사성 원소로, 가동 중인 원자로에서 매일 생성된다. 나중에 자연에도 극히 미량이 존재하는 것으로 밝혀졌다.

방사성이 있으며 어두운 곳에서 푸른 형광 빛을 띠기 때문에 과거에는 시계의 글자판 물감으로 사용되었다. 현재는 안전상의 문제로 더 이상 사용되지 않는다.

형광등의 글로 방전관(glow discharge tube)에는 극히 미량의 프로메튬이 봉입된다.

62

Sm 사마륨

Samarium | 원자량 150.4
광물명 사마르스키 석(samarskite)에서
유래.

은백색의 부드러운 금속이다.

사마륨과 코발트 합금은 강력한 영구자석이 된다. 네오디뮴 자석과 비교하면 녹이 잘 슬지 않고 고온에서도 작동한다. 자석이 자력을 상실하는 온도를 퀴리 온도라고 하는데, 네오디뮴 자석은 314℃, 사마륨 자석은 741℃다. 이 때문에 사마륨 자석은 전기자동차의 컴프레서(압축기)와 풍력 발전기, 하드디스크 내의 자석 등에 이용된다.

63 Eu 유로퓸

Europium | 원자량 152.0
발견지인 유럽의 이름에서 유래.

은백색 금속이다. 전구형 형광등에 수은만 봉입하는 것보다 유로퓸을 함께 첨가하면 자연광과 유사한(태양광과 유사한) 색을 내기 때문에 자연광을 내기 위한 형광체로 사용된다.

햇빛에 가까운 빛을 내는 비결!!

64

Gd 가돌리늄

Gadolinium | 원자량 157.3
희토류를 최초로 발견한 화학자 가돌린
(Gadolin)에서 유래.

은백색 금속이다. 중성자를 흡수하는 능력이 크기 때문에 원자로의 제어(반응 제어나 원자로의 긴급 정지용 소화제)에 사용된다.

MRI는 강력한 자석으로 만든 원통 속에 들어가 자기력을 이용하여 몸의 장기나 혈관을 촬영하는 검사 방법이다. 강력한 자기장에서의 수소 원자핵의 움직임으로 체내의 수분 분포를 파악하여 영상을 컴퓨터로 합성한다. X선을 사용하는 CT는 X선에 의한 피폭을 피할 수 없고 인체를 단층으로만 촬영하는 데 반해, MRI는 세로나 사선 등 자유로운 각도로도 촬영할 수 있으며 자기장이 인체에 거의 무해하다는 장점이 있다.

가돌리늄 화합물은 MRI 조영제로 사용된다. 일반적으로 종양 부위는 혈류가 왕성하므로 정맥주사로 조영제를 투여하면 조영제가 종양 안으로 흡수되면서 명암이 생기므로 정상조직과의 구별이 가능하다.

65

Tb 터븀

Terbium | 원자량 159.0
이 원소가 발견된 이트리아 광석 산지인
스웨덴의 작은 마을 이테르비에서 유래.

　은백색 금속이다. 자화(磁化)에 의해 모양이 늘어나고 줄어드는 성질(자왜, magnetostriction)이 있어서 이 성질을 이용하여 작은 자력으로도 큰 자왜를 얻을 수 있는 터븀·디스프로슘·철 합금이 개발되었다. 이 재료에다 코일을 감아 코일에 교류전류를 흘리면 그 자력으로 수축하며 기계적으로 진동하는데 이 현상을 이용하여 초음파를 발생시킨다.

66

Dy 디스프로슘

Dysprosium | 원자량 162.5
분리하기가 매우 어렵다는 이유로
그리스어의 dysprositos(얻기 힘든,
가까이하기 어려운)에서 유래.

　은백색 금속이다. 빛에너지를 저장하는 성질이 있어 루미노바(N 야광)라 불리는 축광재(蓄光材)로 쓰인다. 루미노바는 방사선에 의한 자발성 야광 안료를 대체하고 방사성 물질을 함유하지 않고 밤새 발광하는 안료로서 야광 안료의 역사를 크게 바꾸어놓았다. 주로 비상구 등의 피난유도 등에 이용된다. 65번 터븀에서 언급했듯이 현재 큰 자왜를 나타내는 터븀·디스프로슘·철 합금으로 개발되어 사용되고 있다.

67

Ho 홀뮴

Holmium | 원자량 164.9
발견자인 클레베(Cleve)의 고향 스톡홀름의 라틴어 이름 Holmia에서 유래.

은백색 금속이다. 의료용 홀뮴야그 레이저에 사용된다. 홀뮴야그는 홀뮴을 첨가한 YAG(이트륨·알루미늄·가넷)를 말한다. 홀뮴야그 레이저는 출력 파워가 크지만 발열량과 환부 손상이 적어 안전성이 높고, 단단한 조직에도 충분한 파괴력을 발휘하므로 조직 절개와 응고, 지혈뿐만 아니라 결석 치료에도 사용된다.

68

Er 어븀

Erbium | 원자량 167.3
원소가 발견된 이트리아 광석 산지인 스웨
덴의 작은 마을 이테르비에서 유래.

은백색 금속이다. 어븀을 첨가한 광섬유는 광신호를 증폭시킨다. 석영유리의 광섬유는 장거리로 광신호를 전달할 경우 신호 강도가 약해진다. 그러나 일반 광섬유 사이사이에 어븀을 첨가하면 광섬유의 광신호 전송거리가 100배 늘어난다.

69

Tm 툴륨

Thulium | 원자량 168.9
원소명의 유래에는 여러 설이 있으나, 스
칸디나비아의 옛 이름 Thule에서 유래되
었다는 설이 가장 유력하다.

은백색 금속이다. 희토류 중에서 루테튬과 더불어 존재량이 매
우 적다. 어븀과 마찬가지로 광섬유에 첨가하여 증폭기로 사용
된다.

툴륨은 어븀 증폭기가 대응할 수 없는 파장의 빛을 증폭시킨다.

70

Yb 이터븀

Ytterbium | 원자량 173.0
원소가 발견된 이트리아 광석 산지인
스웨덴의 작은 마을 이테르비에서 유래.

은백색 금속이다. 이트륨·알루미늄·가넷을 이용한 야그 레이저에 첨가되어 파워가 크고 진동 효율이 높은 단(短) 펄스광을 발생시킨다. 이 이터븀 야그 레이저는 금속 결합과 분자 간의 결합을 절단한다. 한편 산화 이터븀은 유리를 황록색으로 착색하는 착색료로도 쓰인다.

71

Lu 루테튬

Lutetium | 원자량 175.0
파리의 옛 이름 Lutetia에서 유래.

　은백색 금속이다. 희토류 중에서 툴륨과 더불어 희소한 원소다.
주로 연구용으로 쓰인다. PET(양전자 단층촬영법)의 양전자 측정
장치에는 세륨을 첨가한 규산 루테튬이 사용된다.

72
Hf 하프늄

Hafnium | 원자량 178.5
코펜하겐의 라틴어 이름 hafnia에서 유래.

은회색 금속이다. 하프늄은 지르코늄 광물(지르콘)에 반드시 지르코늄과 함께 존재하며 화학적 성질이 지르코늄과 매우 유사하다. 반면 중성자에 대한 성질은 크게 달라 정반대의 성질을 나타낸다. 지르코늄은 중성자를 잘 통과시키는 데 반해 하프늄은 중성자를 잘 흡수한다.

중성자를 잘 흡수하는 성질 때문에 원자로의 제어봉에 사용된다. 원자로의 핵연료에서 제어봉을 빼면 핵분열 연쇄반응이 진행되고 제어봉을 주입하면 중성자가 흡수되어 핵분열 연쇄반응이 정지된다. 이를 이용하여 핵분열을 제어한다.

73

Ta 탄탈럼

Tantalum | 원자량 180.9
그리스 신화의 신 탄탈로스에서 유래.

　광택이 있는 은회색 금속이다. 탄탈럼은 텅스텐, 레늄에 이어서 세 번째로 녹는점이 높은 원소다. 예전에는 전구 필라멘트로도 사용되었으나 곧 텅스텐 선으로 대체되었다.

　현재 탄탈럼은 주로 콘덴서(축전기)에 사용되고 있으며 산화 탄탈럼을 사용한 탄탈럼 전해 콘덴서가 이에 해당한다. 이 콘덴서는 소형이면서 대용량인 것이 큰 특징으로 휴대폰이나 PC 등 소형 전자기기에 널리 사용되고 있다.

　콘덴서 다음으로는 합금 용도로 많이 쓰이고 있다. 녹는점이 높고 내식성이 뛰어난 탄탈럼을 첨가하면 높은 내열성이 생기면서 합금이 매우 견고해진다.

　또한 인체에 거의 무해하고 잘 융화되는 등 인체와 거의 반응하지 않는다.

74

W 텅스텐

Tungsten | 원자량 183.8
스웨덴어로 tung(무거운)+sten(돌)이라는
의미.

어두운 밤을 밝히는 텅스텐

은회색 금속이다. 매우 견고하고 무거우며, 금속 원소 중에서 가장 녹는점이 높다(3407℃). 홑원소 물질도 견고한 편이나 탄소와 결합시켜 탄화 텅스텐(WC)으로 만들면 다이아몬드 다음으로 견고해진다.

밀도는 금과 거의 비슷한 19.3g/cm³로, 철 덩어리는 수은에 넣으면 위로 뜨지만 텅스텐 덩어리는 가라앉는다.

녹는점이 높은 성질을 이용하여 고온이 되기 쉬운 백열전구 필라멘트나 전자레인지의 마그네트론(전자파를 발생시키는 장치)에 사용된다.

또한 단단한 성질을 이용하여 절삭공구의 칼날, 포탄, 전차의 장갑, 볼펜 끝의 볼로 쓰이며, 큰 밀도를 이용하여 낚시 추(싱커), 골프채의 웨이트, 해머던지기의 해머에도 사용된다. 단, 희소 금속이므로 단가가 높다.

이름은 텅스텐(tungsten, 무거운 돌)인데 왜 원소기호는 W일까?

그 이유는 독일어의 볼프람(Wolfram)이라는 텅스텐의 별명 때문이다. 지금도 독일 등 일부 지역에서는 볼프람이라는 원소명으로 불린다. 볼프람은 텅스텐이 최초로 추출된 철 망가니즈 중석(wolfart)에서 유래된 별명이다. 이 별명은 철 망가니즈 중석이 주석 광석 중에 섞이면 주석이 잘 추출되지 않으므로 주석을 늑대(wolf)처럼 뜯어먹는다는 뜻에서 붙여진 것이다.

에디슨이 전구를 발명할 당시 필라멘트로 사용한 재료는 탄소였는데 일본 교토 야와타의 대나무를 사용한 것으로 유명하다. 그러나 탄소는 진공 중에서는 1800℃에서 증발되므로 더 높은 고온에서도 견딜 수 있는 필라멘트 재료가 필요했으며, 1908년 금속 중에서 가장 녹는점이 높은 텅스텐을 사용한 필라멘트의 제작에 성공했다. 이에 따라 전구 온도가 2000℃를 넘게 되면서 전구의 밝기가 한층 더 밝아졌다.

그런데 텅스텐 필라멘트는 진공 중의 고온 표면에서 텅스텐 원자가 튀어나오면서 증발되는 단점이 있었다. 이 문제를 해결하기 위해 아르곤을 봉입해 증발을 억제하거나 필라멘트를 코일 또는 이중 코일 필라멘트로 제작하여 가스 대류에 의한 열 손실을 줄이는 등 여러 차례의 개량을 거친 결과 오늘날의 전구에까지 이르게 되었다.

단, 백열전구는 소비전력의 약 90%가 열로 소실되어 빛의 변환 효율이 좋지 않기 때문에 형광등이나 LED(발광 다이오드) 등의 새로운 광원으로 대체되는 추세다.

텅스텐으로 만든 가짜 골드바?

아르키메데스가 부력의 원리인 아르키메데스의 원리(액체 속에 넣은 물체는 그 물체로 인해 넘쳐흐른 액체의 무게만큼 가벼워진다)를 발견해낸 이야기는 유명하다.

지금으로부터 2000년도 훨씬 전의 일이다. 그리스에 시라쿠사라는 작은 나라가 있었다. 그 나라의 왕 헤론은 멋진 금관을 만들기로 결심하고 직공에게 금덩어리를 주고 금관을 만들게 했다.

드디어 금관이 완성되었다. 그런데 이상한 소문이 왕의 귀에 들려왔다. 직공이 금에다 은을 섞고, 섞은 무게만큼의 금을 빼돌렸다는 것이다. 왕이 건넨 금덩어리의 무게와 완성된 왕관의 무게는 똑같았다. 왕은 아르키메데스에게 이에 대해 조사하도록 명을 내렸다. 그러나 명을 받은 아르키메데스는 마땅한 해결책이 생각나지 않았고, 시간만 자꾸 흘러갈 뿐이었다.

그러던 어느 날, 아르키메데스는 물이 가득 찬 욕조에 들어가는 순간 넘쳐흐르는 물을 보고서 문득 어떤 생각이 떠올랐다. "유레카, 유레카!"라고 소리 지르며 아르키메데스는 벌거벗은 채 목욕탕을 뛰쳐나와 금관이 있는 곳까지 한걸음에 달려갔다. 금관이 있는 곳에 도착한 그는 물을 가득 채운 용기에 금관을 집어넣었다. 그리고 넘쳐흐르는 물의 부피를 정확히 측정했다. 이때 넘치는 물의 부피는 금관의 부피와 똑같다.

그러고 나서 금관과 똑같은 무게의 순수한 금덩어리와 은 덩어리를 물이 가득 찬 용기에 각각 집어넣고, 이때 넘쳐흐르는 물의 부피를 각각 측정했다. 그 결과 순수한 금덩어리를 넣었을 때 넘친 물의 부피가 금관을 넣었을 때 넘친 물보다 작았다. 무게가 같을 경우 은은 금보다 부피가 더 크다. 아르키메데스는 금과 은의 밀도 차이를 이용하여 직공의 꾀를 간파해냈고 결국 직공의 사기를 밝혀냈던 것이다.

금과 색깔이 똑같은 황 철광은 밀도가 금보다 훨씬 작고 때리면 깨지기 때문에 바로 구분이 가능하다. 만약 금과 똑같은 밀도를 가진 금속이라면 어떻게 구별해낼 수 있을까? 이런 사실을 이용해 금과 밀도가 유사한 텅스텐으로 가짜 골드바를 만드는 사기 사건이 종종 발생한다. 예를 들어 텅스텐 표면을 금으로 도금한다거나 더욱 교묘하게는 골드바에 드릴로 구멍을 내어 도려낸 금만큼 텅스텐으로 채우기도 한다.

이를 적발하는 방법으로 초음파가 내부를 통과하는 속도를 검사하거나 형광 X선 검사를 실시하는 방법이 있다. 텅스텐은 밀도가 $19.3\,g/cm^3$이고 금은 $19.32\,g/cm^3$이므로 이 작은 차이를 감지해내는 방법도 있다. 골드바 1kg를 저울에 매달아 물속에 넣어 부력을 측정하는 것이다. 물론 이때 저울의 성능은 매우 정밀해야 하는데 그야말로 아르키메데스의 원리를 응용한 방법이라고 할 수 있다.

금과 밀도가 비슷하기 때문에 범죄에 이용되는구나.

75

Re 레늄

Rhenium | 원자량 186.2
독일에서 발견되었으므로 라틴어로 독일
의 라인 강인 'Rhenus'에서 유래.

은회색 금속이다. 1925년 천연에서 발견된 마지막 안정 원소다. 이후에 발견된 원소는 모두 인공적으로 만들어진 인공원소들이다.

금속 중에서 가장 단단하다. 밀도는 21.0g/cm³로 금보다 크며, 3180℃의 높은 녹는점을 가진다. 이러한 성질 때문에 이용 가치가 높으나 매우 희소하므로 가격이 비싸다.

1908년 오가와 마사다카(小川正孝, 훗날 도호쿠 대학 총장이 됨)는 "원자번호 43번의 신원소를 발견하였으므로 니포늄(nipponium, Np)이라 명명한다"라고 발표했다. 그러나 다른 과학자에 의한 재확인 작업이 이루어지지 않았기 때문에 나중에 기각되었다.

사실 그가 발견한 원소는 43번이 아닌 75번 레늄이었던 것으로 추정되고 있다. 원자량 계산에 실수가 있었던 것이다. 만약 분석이 정확했더라면 원자번호 75번은 레늄이 아닌 니포늄이 되었을지도 모른다.

76

Os 오스뮴

> **Osmium** | 원자량 190.2
> 그리스어의 osme(냄새)에서 유래. 가열하
> 면 쉽게 맹독성 사산화 오스뮴이 발생하는
> 데 이 냄새가 매우 고약하기 때문에 붙여
> 진 이름이다.

냄새나는 금속으로 알려져 있지만……

푸른빛의 은색 광택을 내는 아름다운 금속이다. 단단하며 녹는 점은 금속 가운데 텅스텐 다음으로 높고, 밀도는 22.6g/cm³로 가장 크다. 주기율표에서 제6주기에 배열된 세 개의 원소, 즉 오스뮴, 이리듐, 백금은 서로 성질이 비슷하여 마치 형제와 같은 원소들이다.

이리듐과의 합금은 특히 내식성과 내구성이 뛰어나 만년필 펜촉으로 사용된다.

잉크에는 황산, 염산, 질산과 같은 강산이 함유되어 있으므로 부식성이 있다. 만년필의 필기감에 결정적인 요인으로 작용하는 펜촉은 그 부드러움도 중요하지만 잉크의 부식에도 강해야 한다. 그래서 고급 만년필에는 펜촉으로 14K가, 저가 만년필에는 스테인리스가 사용된다. 또한 은색으로 빛나는 펜촉 끝의 펜 포인트에 사용되는 금속은 이리듐, 오스뮴, 루테늄이 65%, 백금과 기타 금속 35%로 배합된 합금 이리도스민(iridosmine)이다. 합금 이리도스민은 금속 중에서도 다이아몬드 다음으로 단단하므로 마모되지 않고 부식에도 강하며 14K에 강하게 결합시킬 수 있다.

오스뮴은 1804년 영국의 스미슨 테넌트(Smithson Tennant, 1761~1815)에 의해 발견되었다. 발견의 계기가 된 산화 오스뮴 기체가 자극적인 냄새였기 때문에 그 이름이 냄새를 의미하는 그리스어의 'osme'에서 유래되었다.

산화 오스뮴은 녹는점이 42°C로 낮고 쉽게 기화한다. 냄새가 고약할 뿐만 아니라 기체는 매우 유독하여 점막, 폐, 눈을 자극하며 실명할 수도 있다. 금속 홑원소 물질인 오스뮴은 무취이지만 공기 중의 산소와 반응해 산화 오스뮴이 되기 쉬우므로 취급에는 주의가 필요하다.

77 Ir 이리듐

Iridium | 원자량 192.2
그리스 신화에 등장하는 무지개의 여신
'이리스(Iris)'에서 유래. 이리듐 화합물의
수용액이 무지개처럼 다채로운 색깔로 변
하는 현상에서 붙여진 이름이다.

공룡 멸종을 규명하는 열쇠를 쥐고 있다?

단단하고 매우 밀도가 높은 은백색 금속이다. 이리듐의 밀도는
22.4 g/cm³로 오스뮴 다음으로 크다. 우주에는 어느 정도 존재하
지만 지구 지표면에는 거의 존재하지 않는다. 이리듐은 무거우므
로 지구가 마그마 바다였을 당시 철 등과 함께 지구 속 깊이 잠겨
버린 것으로 추정된다.

금속 중에서 가장 부식에 강하고 산이나 알칼리는 물론 뜨거운
왕수에도 녹지 않는다. 백금과의 합금은 내마모성과 내부식성이
모두 뛰어나므로 킬로그램원기(미터 조약에 의하여 그 질량을 1kg이

라고 정의한 원기. 높이와 지름이 모두 39mm인 원기둥 모양의 백금·이리듐 합금으로, 파리의 국제 도량형국에 보관되어 있음) 또는 예전의 미터 원기(미터 협약에 의하여 1m의 길이를 나타내도록 만들어진 자)에 사용되었다.

공룡 멸종과 관련된 여러 가설 가운데 가장 유력한 것이 거대 운석 충돌설이다. 백악기와 제3기의 경계(K-T 경계층) 중 전 세계적으로 분포되어 있는 점토층에서 지구 밖의 물질로 추정되는 이리듐의 농집(濃集, 다른 층에 비해 20~160배 많은 양)이 검출된 것이 계기가 되어 거대 운석 충돌설이 더욱 설득력을 얻게 되었다. 이리듐은 지각에 거의 존재하지 않지만 운석에는 비교적 많이 함유되어 있기 때문이다.

그 후 중생대 말기 대량 멸종 시기에 형성된 것으로 추정되는 거대한 충돌 크레이터가 멕시코 남동부의 유카탄 반도의 지하에서 발견되었고, 운석 파편이 K-T 경계층에서 발견되면서 대규모 외계 천체 충돌 사건이 밝혀지기 시작했다.

거대 운석이 충돌하면서 엄청난 양의 먼지와 파편이 온 지구를 뒤덮었다. 대기 중의 먼지는 몇 년간 태양광을 차단하면서 지상과 해면 부근의 속씨식물들의 번식이 어려워졌다. 속씨식물이 자라지 못하면서 이를 주식으로 하는 초식공룡이 멸종되었고, 연쇄적으로 육식공룡이 멸종되었다는 시나리오다.

78
Pt 백금

Platinum | 원자량 195.1
'platina'는 에스파냐어에서 은(plata)의 애칭어로, 남아메리카에서 '은과 비슷한 금속'(platina del pinoto)이라고 부른 데서 유래.

귀금속이란?

화학적으로 매우 안정하고 내식성이 뛰어나며 촉매로서 활성이 큰 은백색 금속이다.

명칭은 백금(白金)이지만 장식품으로 쓰이는 화이트골드와는 다른 물질이다(158쪽 참조). 플라티늄이라고도 부른다.

금과 마찬가지로 왕수 외에는 녹지 않는 강한 내식성을 갖고 있으며 금속 광택을 오래 유지하므로 장식품으로 이용된다. 또한 내식성, 내구성이 있어 이리듐과의 합금은 킬로그램원기나 예전의 미터원기로 사용되었다. 킬로그램원기는 백금 90%, 이리듐

10%의 합금이다.

귀금속(貴金屬)이나 비금속(卑金屬)은 과학 용어가 아닌 일상용어로 과학적으로 엄격하게 정의 내리기가 애매한 면이 있다.

일반적으로 귀금속은 화학적 변화를 쉽게 받지 않고 금속 광택을 늘 유지하며 산출되는 양이 적어 고가인 금, 백금, 루테늄, 로듐, 오스뮴, 이리듐 등을 의미한다. 보통 은도 여기에 포함된다. 그리고 귀금속에 비해 공기 중에서 더 쉽게 산화되는 금속을 비금속이라고 한다.

대표적인 귀금속이 금과 백금이다. 인류 역사가 시작된 이래 백금 생산량은 약 4500t으로 매우 적으며, 금의 약 15만과 비교해도 30분의 1 이하밖에 생산되지 않았다. 백금은 금보다 더 희소한 금속이라 할 수 있다.

자동차 배기가스 정화장치에서 사용

가솔린 자동차 배기가스의 주요 유해 성분은 가솔린 미연소 성분인 탄화수소, 일산화 탄소, 그리고 고온 연소로 생성된 질소 산화물이다.

백금은 녹는점이 높아 점화 플러그나 배기 센서 등 혹독한 환경에 노출되는 부품이나 촉매로, 자동차 배기가스의 정화장치 등에 다수 이용된다. 배기가스 정화장치의 촉매는 백금, 팔라듐, 로듐을 조합해 사용하므로 이를 삼원 촉매라 부른다. 삼원 촉매는 일산화 탄소 및 탄화수소를 산화시켜 무해한 이산화 탄소와 물로 만들고 동시에 질소 산화물을 환원하여 무해한 질소와 산소로 만드는 세 가지 작용을 한다.

근래의 일본산 자동차(가솔린차) 한 대당 사용되는 백금의 양은 1.5~2g 정도라고 한다. 그 외에 팔라듐이나 로듐도 사용되므로 귀금속으로 치면 3~7g 정도라 볼 수 있다.

수소 가스와 산소 가스가 물이 되는 반응에서 전기 에너지를 얻는 연료전지 자동차는 백금을 촉매로 사용한다. 한 대당 백금의 사용량은 30~50g이므로 연료전지 자동차는 가솔린차에 비해 약 15~20배의 백금을 사용한다고 할 수 있다. 이는 연료전지 자동차 보급을 저해하는 요인이 되고 있으며 현재 백금을 대체할 촉매 재료의 개발이 활발하게 진행되고 있다.

항암제로 이용

백금 제제는 다양한 암에서 그 유효성을 인정받고 있으며 수액에 의한 정맥주입으로 투여된다.

백금 제제는 암세포의 DNA 이중나선에 있는 구아닌과 아데닌에 결합함으로써 DNA 이중나선이 풀리지 않도록 만들어 암세포의 분열을 억제시킴으로써 암세포를 사멸시킨다.

백금이 함유된 시스플라틴(cisplatin)은 현재 항암제 치료에서 중심적인 역할을 맡고 있으나 부작용이 심한 것으로도 유명하다. 오심(구역, 구토가 급박한 느낌), 잦은 구토가 부작용으로 일어나며 신부전 등 신장 기능 장애를 유발하기도 한다. 그러므로 다른 항암제와 병용하거나 구토 억제제를 투여해야 한다. 또한 시스플라틴 투여 후에는 충분히 수액을 공급하여 부작용에 대응하는 것이 필요하다.

칼럼

예전에는 주기율표를 원자량 순으로 배열했다

현재 주기율표는 원자번호 순으로 배열되어 있다.

현재 사용되고 있는 원자량은 탄소 동위원소 가운데 탄소 12의 원자량 12.00000을 기준으로 한 상대원자 질량이다.

천연에 존재하는 대부분의 원소에는 상대 질량이 다른 동위원소가 일정 비율로 혼합되어 있다. 그래서 이와 같은 원소의 상대 질량은 동위원소의 상대 질량에 존재 비율을 곱한 평균치로 나타낸다. 이것이 주기율표에 게재되어 있는 원자량이다. 주기율표의 원소 순서에서 원자량이 역전되는 위치를 찾아보는 것도 흥미롭다.

79 Au 금

Gold | 원자량 197.0
gold는 인도유럽어에서 '빛나는'을 의미
하는 'ghel'이 어원이다. 원소기호 Au는
라틴어 aurum(빛을 내며 반짝이는 것)에서
유래되었다.

전 세계에서 사랑받는 금속

글자 그대로 금색의 아름다운 광택을 내는 금속이다. 인류가 가장 오래전부터 이용해온 금속 중 하나다. 사금이나 자연금의 상태로 채굴된다.

전 세계에서 동전이나 장식품으로 귀하게 취급되었다. 밀도가 크고 부드러운 금속으로 그 연성(늘어남)은 경이적이다. 금 1g으로 가로 90cm×세로 180cm 크기의 금박을 두 장 이상 만들어낼 수 있다.

금은 화학적으로 매우 안정하다. 금을 녹일 수 있는 용액을 왕수라고 할 정도로 금은 뛰어난 내식성이 있다. 이에 따른 불변의 아름다움과 가공의 용이함, 희소성 때문에 예로부터 금화나 보석 장식품으로 이용되었다. 일반적으로 사용되는 금화에는 10% 정도의 구리가 첨가된다.

내식성뿐만 아니라 열이나 전기 전도성도 뛰어나 전자부품 단자나 커넥터, 집적회로에 도금 처리되어 사용되거나 의치(금니)에 이용된다. 또한 적외선을 잘 반사하는 성질이 있어 인공위성의 외면에 단열재로서 금박을 부착하기도 한다.

캐럿(K)의 의미

합금에 함유된 금의 양은 캐럿(K)으로 표기된다. 순금(금 100%)이 24K다. 예를 들어 금화는 21.6K(금 90%), 장신구 18K(금 75%), 만년필의 금촉 14K(금 약 58.3%) 등이다.

가장 낮은 10K의 경우 금 함유율은 24분의 10이므로 41.7%다.

금메달을 녹여서 숨기다

진한 질산과 진한 염산을 1:3으로 혼합한 용액을 왕수라고 하는 것도 '금속의 왕'인 금이나 백금을 녹이기 때문에 붙여진 이름이다.

제2차 세계대전 중에 덴마크에 체류하고 있었던 헝가리 화학자 게오르크 헤베시(George Hevesy, 1885~1966)는 덴마크가 독일에 점령당하면서 독일군에게 쫓기는 신세가 되었다. 그는 이때 어떤 두 사람으로부터 노벨상 금메달을 보관해줄 것을 부탁받았다. 당시는 메달이라도 금을 국외로 유출하는 것이 불법이었기 때문에 헤베시는 금메달을 왕수로 녹여 이를 닐스 보어 연구소 실험실에 숨겨놓고 스웨덴으로 망명했다.

전쟁이 끝나고 연구소 실험실로 돌아간 헤베시는 가장 먼저 유리병을 확인했다. 다행히도 메달을 녹인 유리병은 무사했다. 이러한 경위를 듣고 노벨상을 주관하는 스웨덴 학사원은 수용액에서 추출한 금을 사용해 메달을 복원하여 두 사람에게 다시 금메달을 선사했다고 한다.

채굴 및 정제 가공된 금의 총량

영국 귀금속 조사 회사인 톰슨 로이터 GFMS 사의 통계에 따르면 지금까지 채굴 및 정제 가공된 금의 총량은 2014년 말까지 18만 3600t이라고 한다.

경기용으로 사용되는 50m 수영장은 폭 25m, 깊이는 올림픽용으로 최저 2m이므로 부피는 50×25×2=2500m³이다. 금의 밀도는 19.3g/cm³이므로 1m³당 19.3t이라고 하면 수영장 한 개에 2500×19.3=4만 8250t의 금이 들어가는 셈이 된다. 18만 3600t

을 4만 8250t으로 나누면 약 3.8이 된다. 즉 지금까지 채굴 및 정제 가공된 금은 50m 수영장 3.8개 정도를 채울 수 있는 양이다.

희소 금속이 풍부한 '도시광산'

예전에 일본은 세계 유수의 은과 구리 산출국이었다. 그러나 자원이 고갈되고 인건비와 환경 대책비용이 상승함에 따라 채산성이 악화되면서 폐광이 잇따랐다. 현재 일본에서 조업되고 있는 금속광산은 히시가리 금산(菱지金山, 가고시마 현)이 유일하며 필요 금속자원을 거의 전량 수입하고 있는 실정이다.

그러나 '도시광산'이라는 관점에서 보면 일본은 세계 유수의 자원대국이라 할 수 있다. 도시광산이란, 도시에서 대량으로 폐기되는 가전제품 등에 유용한 금속자원이 많이 들어 있으므로 도시를 하나의 광산으로 간주하고 금속자원을 재활용하자는 발상에서 나온 단어다.

제조되었다가 폐기되는 가전제품이나 자동차, 공업제품에 사용된 전자회로기판에는 금이나 백금, 인듐과 같은 희소 금속이 들어 있다. 하나의 기판에 사용되는 희소 금속은 극히 미량일지라도 몇 개가 모이면 무시할 수 없는 양이 된다.

일본 국립환경연구소의 자원순환 폐기물 연구센터에 따르면 PC의 기판 1t에서 약 140g의 금이 추출된다고 한다. 실제 금 광산을 발굴하면 금광석 1t에서 약 3~5g의 금밖에 추출할 수 없다. '도시광산'이 얼마나 풍부한 자원인지 알 수 있는 대목이다.

일본의 물질재료연구기구가 2008년 1월에 발표한 자료에 따르면 일본에 축적되어 있는 금은 약 6800t이다. 이는 세계의 현존 매장량 4만 2000t의 약 16%에 해당된다. 은은 6만t으로 22%를 차지한다. 인듐은 61%, 주석 11%, 탄탈럼 10%로 세계 매장량의 10%를 넘는 금속이 일본에 다수 있는 것으로 밝혀졌다.

해수에서 금을 추출해낸다면……

1918년 제1차 세계대전에서 패배한 독일은 전승국에게 막대한 배상금을 지불해야 했다. 이는 전쟁으로 피폐된 독일 국가 재정에 막대한 타격을 주었다.

독일의 프리츠 하버(Fritz Haber, 1868~1934)는 화학자로서 이 국가적 위기에서 나라를 구할 방법이 없을까 고민했다. 고민 끝에 그가 주목한 것은 바로 바닷물이었다. '바닷물 1t당 5mg의 금이 함유되어 있다. 바다에서 금을 추출해보자. 조금만 추출해내더라도 충분히 채산성이 있다. 얼마든지 있는 바닷물에서 금을 추출해낸다면 이것으로 배상금을 지불할 수 있을 것이다'라고 생각했던 것이다.

하버는 대규모 기기와 극비 분석실을 갖춘 관측선 메테오르

호에 승선하여 대서양 각지에서 바닷물 중에 함유된 금의 양을 분석했다. 그러나 그가 예상했던 것보다 훨씬 소량이어서 다시 전 세계 각지의 바닷물을 수집하여 바닷물 중의 금 농도를 측정했고 조사 결과 바닷물 1t당 금이 0.004mg밖에 없는 것으로 밝혀졌다. 결국 바닷물에서 금을 추출해도 금의 가격보다 몇 배의 추출비용이 들 것으로 예상되었고, 그의 계획은 1926년에 중단되었다.

현재 바닷물 중의 금 농도는 하버가 내린 최종적 수치의 100분의 1 정도밖에 되지 않는 것으로 밝혀졌다. 현대 과학으로도 금과 같은 미량 성분을 채산성 있게 추출해낼 기술이 없는 것이다.

80

Hg 수은

Mercury | 원자량 200.6
원소기호 Hg는 라틴어로 '물 같은 은'
이라는 'hydrargyrum'의 약칭.
hydrargyrum은 그리스어의 물을 뜻하는
'hydr'와 은을 뜻하는 'argyros'에서
만들어진 말이다.

가격이 저렴하면서 다양한 특성을 지닌 수은

은색 금속이다. 금속 가운데 상온에서 액체인 것은 수은뿐이다. 산출되는 자연수은은 액체 상태이며 고대부터 인간에게 잘 알려진 금속이다. 표면장력이 강해서 흐를 때 나뭇잎 위의 물방울처럼 둥근 모양이 된다.

금, 은, 구리, 아연, 카드뮴, 납 등 다양한 금속과 녹으며 아말감이라고 불리는 페이스트 상태의 합금이 된다. 수은 합금인 아말감은 치과 치료 시 충전물로 이용되어 왔으나 근래에는 은회색이라 미관상 보기 좋지 않고 수은이 용출될 수 있다는 우려 때문에 접착성 합성수지가 주로 사용된다.

형광등이나 수은등에는 발광체로서 수은 증기가 봉입되어 있다. 열팽창률이 크고 일정하기 때문에 온도계와 체온계로 이용되며, 살균작용이 있어서 화합물은 의약품으로 이용되었다. 저렴하면서 특성이 다양하므로 널리 쓰여왔으나, 1950년대에 발생한 미나마타병(水俣病, 사지마비 현상과 언어장애 등의 증상이 나타남)의 원인물질로 유기 수은(메틸 수은)이 지목되면서 최근에는 사용이 점차 줄어드는 추세다.

불상의 금도금과 사금 채굴에 사용된 수은

아말감은 그리스어의 '무른 것'이라는 뜻의 'malagma'에서 유래된 이름이다. 수은은 원래 상온에서 액체이므로 가열하지 않아도 금, 은, 구리, 아연, 카드뮴, 납 등의 녹는점이 낮은 금속들을 녹이며 아말감이 된다. 아말감은 부드러운 페이스트 상태의 물질이므로 약간만 가열해도 부드러워져서 가공하기가 쉽다.

도다이지(東大寺, 일본 나라 시에 있는 일본 불교 화엄종의 대본산)의 대불상은 수은에 금을 녹인 아말감을 대불상에 바르고 숯불로 수은을 증발시켜서 금으로 도금한 것이다. 현재는 금도금이 벗겨져 옛 모습은 볼 수 없지만 건립 당시에는 금빛으로 빛났을 것이다.

기록에 따르면 수은 5만 8620냥(약 50t), 금 1만 446냥(약 9t)이 사용된 것으로 되어 있다. 이 방대한 양의 수은이 증기로 증발되면서 나라 분지를 뒤덮었을 것이다. 수은 증기를 흡입하면 기관지염이나 폐렴, 신세뇨관 장애, 부종, 경우에 따라서는 요독증 등을 일으키고 전신 피로감, 손 떨림, 운동실조 등이 생길 수 있으므로 당시 나라 시에는 중독자들이 많이 발생했을 것으로 추측된다.

비슷한 사례는 사금 채굴에서도 볼 수 있다. 사금과 수은으로 아말감을 만들면 사금 속의 대부분의 불순물들은 수은에 녹지 않고 금만 녹기 때문에 아말감을 가열하여 수은을 증발시키면 금을 정련할 수 있다. 1970년대 후반부터 브라질 아마존 강 유역에서는 강바닥과 정글의 퇴적토에서 사금을 채굴하는 작업이 활발하게 이루어지고 있으며 금 정련에 사용되는 수은에 의한 오염이 심각해지고 있다. 탄자니아, 인도네시아, 중국 등의 나라에서도 유사한 오염이 발생하고 있다.

공장폐수와 미나마타병

미나마타병은 구마모토 현의 미나마타 만 주변지역과 니가타 현의 아가노 강 하류지역에서 발생한 유기 수은(메틸 수은) 중독으로, 일본의 대표적 공해병 가운데 하나다. 치소(Chisso. 현재는 JNC로 사명 변경) 미나마타 공장과 쇼와 전공 가노세 공장에서 배출된 메틸 수은이 함유된 폐수가 원인이었다.

메틸 수은이 '플랑크톤 → 작은 물고기 → 중간 물고기 → 큰 물고기 → 인간'으로 이어져 발생한 것으로 물속의 여러 생물 간의 먹이사슬을 거치면서 어패류에 고농도로 농축되었고, 오염된 어패류를 반복적으로 대량 섭취한 사람들 가운데 환자들이 발생했다.

뇌혈관에는 혈액뇌관문(뇌에 중요한 신경세포를 유해물질로부터 보호하는 장벽. 혈액 중의 물질이 뇌로 쉽게 통과되지 못하도록 보호하는 시스템)이 있다. 지용성인 메틸 수은은 물에 잘 녹지 않고 이 관문을 쉽게 통과하여 사람의 뇌에 축적되었다. 뿐만 아니라 태반을 통과하여 태아에도 축적되면서 태아성 미나마타병이 발병되기도 했다.

수은은
편리하지만
독성이
무시무시해
……

Hg

체온계

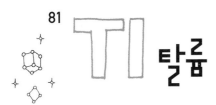

81 Tl 탈륨

Thallium | 원자량 204.4
그리스어의 '신록의 잔가지'를 뜻하는
thallos에서 유래.
발견 당시 선명한 초록색을 띤 스펙트럼
선이 새싹이 피어오르는 것처럼 보여
붙여진 이름.

사용 금지된 원소

은백색의 부드러운 금속이다. 수은과의 합금은 −58℃까지 액체 상태를 유지하기 때문에(수은은 −38℃까지) 북극이나 남극과 같은 매우 추운 극한지에서 온도계로 사용된다.

화합물은 일반적으로 독성이 높다. 그래서 황산 탈륨은 과거에 쥐약이나 개미약으로 사용되었다. 그러나 탈륨 화합물은 무미 무취로 인간에게도 유해하여 독살에 사용되기도 했기 때문에 1975년부터 미국에서 사용이 금지된 이래, 다른 여러 나라에서도 점차 사용이 금지되었다.

체내에서 탈륨은 인체 필수 원소이자 크기가 같은 포타슘과 유사하게 작용한다. 탈륨은 세포막의 포타슘 이온이 통과하는 포타슘 채널을 통과한다. 또한 포타슘이 다량으로 이용되는 신경계와 간, 심근 미토콘드리아에서 포타슘의 작용을 저해하면서 중독 증상을 유발한다. 탈륨은 소변이나 대변으로 배설되기 때문에 중독 검사 및 진단은 소변 중의 탈륨 검사로 가능하다. 중독 치료로는 위세척, 설사약, 포타슘 투여, 혈액 투석 등이 실시된다.

82

Pb 납

Lead | 원자량 207.2
lead는 앵글로색슨어로 납이다.
원소기호는 라틴어로 납을 의미하는
plumbum의 줄임말.

로마시대의 수도관

은백색의 금속이며 녹으로 덮인 표면은 납빛이라 불리는 청회색이 된다. 고밀도(20℃에서 11.4g/cm³)이며 덩어리를 들면 묵직하고 무겁다.

인류가 가장 오래전부터 널리 이용해온 금속 중 하나로, 약 5000년 전의 것으로 보이는 납 주조품 등이 발견되었다. 로마 유적에서는 납 수도관이 지금도 사용이 가능한 상태로 발견되기도 했다.

녹는점이 낮고 상온에서도 부드러워 가공하기 용이하다는 점과 광석으로부터 비교적 쉽게 추출이 가능하여 값싸게 얻을 수 있다는 점 때문에 옛날부터 현대에 이르기까지 널리 이용되었다.

쉽게 녹슬어 변색되지만 표면에 빼곡하게 산화 피막이 형성되어 내부가 보호되므로 수중에서도 잘 녹슬지 않는다.

또한 X선을 잘 흡수하는 성질이 있어 X선 차폐재나 엑스레이 검사 시 납으로 된 앞치마로 생식기를 보호하는 데 사용된다.

땜납(납과 주석의 합금), 납축전지, 총탄, 산탄, 낚시 추 등 다양한 용도로 널리 사용되어 왔으나 인체에 대한 독성과 환경오염의 문제가 대두되면서 무연 땜납이 보급되는 등 대체가 이루어지고 있다.

납축전지는 무게가 무거운 단점에도 불구하고 가격과 방전 가능 허용량, 전압 안정성 때문에 자동차 등에 탑재되고 있다.

납 중독의 위험성

납은 가장 중독을 일으키기 쉬운 중금속이다. 몇 mg의 납을 지속적으로 몇 주간 섭취하면 바로 만성중독이 된다. 특히 신경에 영향을 미치는 독성 때문에 성장기 어린이들은 주의해야 할 중금속이다. 2013년 10월 WHO는 "납 중독으로 매년 14만 명 이상이 사망, 60만 명이 지적장애를 일으킨다"라고 발표했다.

납 중독을 일으키는 주요 경로는 완구와 주택, 가구 등에 사용되는 납 함유 페인트의 흡입이다. 페인트 피막은 몇 년이 지나면

지면이나 바닥에 가루로 부서지며 떨어지는데 이를 흡입할 위험이 있다. WHO는 납 함유 페인트의 생산과 사용을 조기 폐지하도록 각국이 규제를 강화하는 것이 급선무라고 강조했다.

일본의 경우 납은 가정용 페인트에는 함유되지 않았으나 과거에 건물 등 건설자재의 녹 방지용 초벌칠 도료(적색)와 미장용 도료(황색, 오렌지색 등)에 함유된 적이 있었다. 그러나 현재는 무연 도료로 거의 대부분 교체되었다.*

로마 멸망의 원인은 납 때문이다?

"로마가 멸망한 원인은 납으로 만들어진 수도관에서 용출된 납에 로마인들이 중독되었기 때문"이라는 이야기를 종종 듣곤 한다.

그러나 이 이야기는 신빙성이 다소 떨어진다. 로마시대의 수도 시설 대부분은 석조로 만들어졌으며 납관은 극히 일부에 쓰였다. 당시에는 수도꼭지가 없고 물이 계속 흐르는 상태였기 때문에 납과 물이 접촉하는 시간은 매우 짧아 납 이온의 용출량 또한 극히 미량이었을 것이다.

---

* 한국의 경우 2016년 1월 환경부와 페인트 제조 5개사가 '페인트 유해 화학물질 사용 저감을 위한 자발적 협약'을 체결했다. 이로써 대체물질 개발을 통해 유해 화학물질인 납·카드뮴 함유 페인트의 사용을 단계적으로 중단하고 유해 화학물질이 포함된 페인트는 전문 판매점에서만 판매하기로 합의했다. 따라서 이런 물질이 일정비율 이상 함유된 페인트를 판매하는 업체는 화학물질 관리법상 영업허가, 수입허가 등을 받아야 한다. - 편집자

천연수에는 이산화 탄소가 녹아 있기 때문에 납 이온이 거의 용출되지 않는 탄산 납이나 수중에 녹아 있던 칼슘 염 등이 석출되어서 납 표면에 부착되므로 수중에는 납 이온이 거의 용출되지 않았을 것이다.

하지만 실제로 로마인들의 인골에는 꽤 많은 양의 납이 함유되어 있었는데 이는 수도관이 아니라 와인 때문이었다. 당시에는 냉장 기술이 없었으므로 아세트산균 등에 의해 와인이 금세 신맛으로 변했다. 그런데 기원전 2세기경 로마의 어느 술장수가 안쪽이 주석과 납으로 덮인 용기에다 산패한 와인을 부어서 가열하면 신맛이 사라지고 달게 변한다는 사실을 발견했다.

이 사실은 순식간에 로마제국 전체로 퍼져나갔다. 그러나 사실 이 단맛은 납과 아세트산이 반응하여 생성되는 유독 물질인 아세트산 납에 의한 것이었다. 나중에 이 방법은 법적으로 금지되었고 석탄으로 중화하는 방법이 보급되었다. 지금은 아황산 염을 첨가하여 와인의 산패를 방지하고 있다.

납을 연필심으로 사용했던 옛날의 연필

연필은 우리에게 매우 친숙한 문구류다. 어릴 때 어머니는 "연필심은 독이 있기 때문에 절대 핥아선 안 돼"라고 말씀하시곤 했다. 어머니는 아마도 연필에 납이 들어 있다고 생각하셨던 모양이다. 하지만 연필심은 흑연(黑鉛, 탄소)과 점토를 태워 굳힌 것이므로 독은 없다.

연필의 역사를 살펴보면 원래 심으로 납을 사용했기 때문에 이런 이름이 붙여진 것이다. 단, 순수한 납은 아니고 납과 주석의 합금을 연필심으로 사용했다. 심이 은색을 띠었으므로 '은필'이라고도 불렸다. 14세기 미켈란젤로의 스케치는 은필로 그려진 것들이다.

은필은 가격이 비싸고 너무 딱딱하다는 단점이 있어서 점차 종이에 그리기 쉬운 흑연이 심으로 사용되기 시작했고 지금처럼 나무에 흑연 덩어리를 박은 연필의 원형이 만들어졌다. 흑연 덩어리는 천연에 있는 석묵(石墨)이라는 광물을 사용했고 이름은 그대로 연필을 썼다.

현재의 연필심은 흑연과 점토를 섞어서 태워 굳힌 것으로, 강도가 좀 더 강해졌다. 흑연과 점토의 비율로 심의 단단한 정도를 조절한다.

83

Bi 비스무트

Bismuth | 원자량 209.0
'쉽게 녹는 금속'이라는 아라비아어에서
유래되었다는 설이 있으나 확실하지 않음.

반감기가 1900경 년!

약간 붉은색이 도는 은백색의 부드러운 금속이다. 산화 피막으로 덮인 표면은 매우 아름다운 무지개 광택을 낸다. 동위원소는 모두 방사성 동위원소이며, 안정 동위원소(179쪽 참조)는 없다. 오랫동안 안정 동위원소로 생각된 비스무트 209는 2003년에 그 반감기가 규명되었는데 약 1900경 년으로 대단히 길다. 우리 인류가 생존하는 동안에는 붕괴하지 않을 것이라고 추측될 정도다.

다른 금속과의 합금은 각각의 금속 홑원소 물질보다 녹는점이 낮아지므로 무연 땜납이나 저융점 합금(주석의 녹는점 232℃보다 낮은 합금)에 사용된다. 성질이 납과 유사하며(고밀도, 저융점, 부드러움) 무해하기 때문에 산탄이나 낚시 추, 유리 재료 등 납의 대체물질로서 용도가 점차 넓어지고 있다.

저융점 합금의 하나인 우드 합금은 성분이 비스무트 50%, 납 24%, 주석 14%, 카드뮴 12%로 녹는점은 약 70℃다. 70℃인 온수는 물을 가열하여 쉽게 만들 수 있는데 이 온수에 우드 합금을 넣으면 녹아서 액체가 된다. 이 성질을 이용하여 물이 분사되는 정도를 조절해 화재용 자동 스프링클러의 헤드로 사용한다. 화재가 발생하여 주위 온도가 70℃를 넘으면 헤드가 녹으면서 물을 분사하는 것이다.

칼럼

인공원소를 만들다

일반적인 화학변화에서는 원자가 다른 원자와 결합하면서 화합물을 생성하는데 이때 원자핵 자체가 다른 원자핵으로 변하는 것은 아니다. 그런데 원자핵에 중성자나 알파선 등을 충돌시키면 전혀 다른 원자핵으로 변하기도 한다. 이를 이용하여 인공적으로 원자핵 변환을 일으켜 인공원소를 만들 수 있다.

원자번호 93번 이후의 원소는 원자핵에 알파입자, 양성자, 중수소(수소의 동위원소로 질량수 2), 중성자 등을 충돌시켜서 전혀 다른 원자핵으로 합성한 원소들(초우라늄 원소, 우라늄보다 원자번호가 큰 원소로 넵투늄, 플루토늄, 아메리슘, 퀴륨 등을 의미함 - 옮긴이)이다.

84

Po 폴로늄

Polonium | 원자량 210
발견자인 마리 퀴리의 조국 폴란드
(PolskaPoland)에서 유래.

첩보원과 폴로늄

쉽게 휘발하는 방사성 은백색 금속이다. 우라늄광(우라늄을 함유한 광석)에 극히 미량 존재한다(10kg 중 0.07㎍ 이하).

천연에 많이 존재하는 것은 폴로늄 210으로 반감기는 138.4일이다. 우라늄의 100억 배의 알파선을 방출하며 감마선도 일부 방출한다.

1898년 마리 퀴리(Marie Curie, 1867~1934)는 피치블렌드(pitchblende, 역청우라늄광)라는 광물에서 강한 방사능이 방출되는 것을 보고 피치블렌드에는 우라늄보다 방사능이 강한 원소가 있을 것이라 추측하고 물질의 분리에 착수, 결국 우라늄보다 강한 방사능을 나타내는 원소를 추출하는 데 성공했다.

퀴리 부인은 러시아 제국의 지배하에 있었던 조국 폴란드의 이름을 따서 이 원소의 이름을 폴로늄이라고 명명했다.

폴로늄은 알파선원이나 원자력 전지에 사용된다. 알파선을 공기에 조사하면 공기 중 분자의 전자가 튀어나와 양전하를 띠면서 이온화되는데 이 공기를 송풍하면 음전하를 중화할 수 있으므로 정전기 제거장치에도 이용된다.

푸틴 정권을 비판하여 영국으로 망명을 간 러시아 연방보안국 전 간부인 알렉산더 리트비넨코(Alexander Litvinenko)는 2006년 11월 런던에서 원인을 알 수 없는 의문의 죽음을 맞이했는데 사망 원인을 조사한 결과 폴로늄 210에 의한 내부 피폭으로 밝혀졌다.

리트비넨코는 수완이 매우 뛰어난 첩보원이었다. 어느 날 상사로부터 몇 명의 중요 민간인을 암살하라는 지령을 받았다. 그러나 그 명단에 그의 지인이 포함되어 있어 명령을 거부하고 기자회견을 열어 상부의 악행을 폭로했다. 그 직후 러시아를 탈출한 그는 푸틴과 비밀경찰의 내부 사정을 폭로하는 책을 발간했다. 이 때문에 리트비넨코 독살 사건의 배후에 러시아 정부가 개입되어 있을 것이라는 소문이 돌았다. 그는 죽기 전 침상에서 "푸틴과 러시아 연방보안국에게 당했다"라는 유서를 남겼다. 결국 사건의 진상을 규명하는 영국 독립조사위원회(공청회)는 최종 보고서에서 러시아 정부가 관여했을 가능성을 시사했다.

이 사건은 폴로늄이 방사성 맹독 물질로 세상에 알려지는 계기가 되었다.

담배를 피우면 피폭된다?

잎담배는 토마토나 감자와 같은 가짓과 식물이다. 잎담배는 성장하면서 토양 중의 폴로늄 210을 흡수하여 잎사귀에 축적한다. 잎담배로 제조되는 담배를 흡연하거나 간접흡연하면 폴로늄 210이 인체에 흡수된다. '담배를 하루 30개비 피는 사람은 연간 36mSv(밀리시버트)씩 피폭된다'는 것이 현재 일반적으로 받아들여지고 있는 견해다.

흡연으로 발병하는 폐암의 약 2%가 폴로늄 210 때문이라는 견해도 있으나, 담배에는 다른 발암성 물질들도 다량 함유되어 있으므로 이것만이 주원인이라고는 볼 수 없을 것이다.

85

At 아스타틴

Astatine | 원자량 (210)
그리스어의 a는 '부정'을, statos는
'안정'을 의미함. 따라서 '불안정'을 뜻하는
astatos에서 유래.

은백색 금속이다. 승화성이 있고 수용성이다. 방사성이 있고 반감기가 짧다(가장 긴 아스타틴 210이 8.1시간, 가장 짧은 아스타틴 213이 0.125마이크로초). 이러한 불안정성 때문에 프랑슘과 함께 지구 전체로 볼 때 약 25g만 존재하며 천연 원소 중에서 가장 양이 적은 원소로 알려져 있다.

86 Rn 라돈

Radon | 원자량 (222)
'라듐에서 생성되는(RADium emanatiON)'
이라는 의미.

라돈 온천과 방사선

비활성 기체족이다. 기체 중 가장 무거우며 밀도는 0℃에서 9.73g/l다. 물(액체)의 밀도가 1000g/l이므로 물의 밀도의 약 100분의 1 정도다. 방사성이며 라돈 222의 반감기는 3.8일이다. 이것은 라듐 붕괴로 생성된다.

일본은 세계 굴지의 온천 대국이다. 여러 온천들 가운데 '방사능천'이라 불리는 온천이 130여 곳이나 있다. 특히 유명한 곳은 미사사 온천(돗토리 현 미사사 쵸), 아리마 온천(효고 현 고베 시), 마스토미 온천(야마나시 현 호쿠토 시) 등이 있다.

방사능천의 정의는 '온천수 1kg 중 라돈을 111Bq 이상 함유한 것'이다. 글자 그대로 방사성 동위원소가 함유된 온천이다. 특히 라돈이나 라듐 함유량이 큰 방사능천은 일반적으로 '라돈 온천' '라듐 온천'이라 불린다.

라돈과 라듐의 근원은 지하 깊이 매장된 우라늄 238이다. 우라늄이 마그마에 의해 지표 근처까지 올라와 하천이나 빗물에 녹고, 그것이 다시 지하수로 흘러 들어가 온천으로 뿜어져 나온 것이 방사능천이다. 우라늄 238의 반감기는 약 44.9억 년으로, 최종적으로 납 206이 되면서 안정화된다. 그 사이 약 11단계의 붕괴가 일어나 방사성 자핵종(daughter nuclide, 붕괴에 의해 생긴 핵종)이 생긴다. 5단계에서 라듐 226이 생성되는데 그다음 붕괴로 기체인 라돈 222가 생성된다. 라듐이 붕괴되어 생성되므로 라돈이라고 명명되었다.

대부분의 방사능천에서는 일반적으로 라돈 함유량에 비해 라듐 함유량이 매우 낮다. 라돈 온천에서는 라돈을 흡입하게 되며 라돈 222는 알파선을 방출한다.

라돈 온천의 효능은 '미량의 방사선은 오히려 건강에 이롭다'라고 하는 호르메시스 효과(Hormesis effect)를 근거로 한다. 그러나 방사선의 호르메시스 효과는 현 단계에서는 아직 가설에 불과하며 반대 의견도 만만치 않다. 그러므로 방사선 호르메시스를 근거로 건강에 좋다고 선전하는 물건은 가급적 가까이하지 않는 것이 좋다.

한편 자연계에 있는 라돈이 비교적 낮은 농도로도 폐암을 유발할 위험성이 있다는 데이터가 있다. 2005년 6월 WHO는 라돈을 흡연 다음으로 폐암 유발 요인이 될 수 있다고 경고했다.

그렇다면 방사능천에 의한 피폭량은 어느 정도일까? 마스토미 온천을 조사한 결과에 따르면 1년간 매일 2시간 이용하더라도 연간 피폭량은 평균 0.8mSv로, 일반인에게 자연방사선 외에 허용되는 수치인 1mSv 이하다. 따라서 가끔 이용하는 정도라면 크게 문제가 없다.

한편, 토론 온천이라고 불리는 방사능천도 있다. 여기서 토론은 라돈 220을 의미한다. 라돈 220은 토륨 232가 근원이 되어 생성된다. 라돈 222와 구별하기 위해 토론이라 불린다. 라돈 222와 성질이 유사하며 반감기가 55.5초로 비교적 짧다.

원자번호 87~118

Fr Ra Ac Th Pa U
Np Pu Am Cm Bk Cf Es
Fm Md No Lr Rf Db Sg
Bh Hs Mt Ds Rg Cn Nh
Fl Mc Lv Ts Og

87

Francium | 원자량 (223)
프랑스 퀴리 연구소에서 발견됨에 따라
프랑스(France)라는 나라이름에서 따옴.

우라늄 235의 방사성 붕괴 과정에서 생성된다. 가장 반감기가 긴 프랑슘 223도 21.8분으로 수명이 매우 짧으며 지각에 약 30g 으로 극히 미량만 존재하는 희귀한 원소다.

프랑슘의 모든 동위원소는 방사성 붕괴를 하여 아스타틴, 라듐 또는 라돈이 된다.

1939년에 천연 원소 중에서 가장 늦게 발견되었다. 발견자는 파리 라듐연구소(퀴리연구소의 옛 이름)에서 연구하던 나이 서른의 젊은 여성과학자 마르그리트 페레(Marguerite C. Perey, 1909~ 1975)였다. 원소명은 페레의 조국 프랑스에서 유래되었다.

가장 무거운 1족 알칼리 금속이므로 만약 덩어리를 얻는다고 가정한다면 주기율표 위의 세슘과 유사한 성질을 나타낼 것이다. 즉 은색 금속이며 물속에 던지면 순식간에 대폭발을 일으킬 것이다.

프랑슘은
지구에
정말 조금만
있구나!

88

Ra 라듐

Radium | 원자량 (226)
방사를 의미하는 라틴어 'radius'에서 유래.

'라듐 소녀들'의 비극

1898년 퀴리 부부는 우라늄 광석을 정련하고 남은 찌꺼기(피치 블렌드)에서 먼저 발견한 폴로늄이 아닌, 좀 더 방사능이 강한 물질을 발견했다. '이 신물질에는 신원소가 반드시 있을 것'이라고 생각하고 4년에 걸쳐 10t에 이르는 시료를 분석했다. 그 결과 1902년 드디어 100mg의 라듐을 추출해냈다.

X선이나 최초의 방사성 물질을 발견해낸 당시에는 X선이나 방사선이 인체에 어떤 영향을 미치는지에 대해 잘 알려져 있지 않았다.

물리화학자 앙리 베크렐(Antoine Henri Becquerel, 1852~1908)은 유리 상자에 넣은 미량의 라듐을 옷 주머니에 넣고 다니다가 복부에 화상 비슷한 부상을 입고 말았다. 라듐 피부염이었다. 이 소식을 듣고 마리 퀴리는 본인 팔에 라듐을 문질렀는데 홍반(피부에 생기는 빨간 점들)이 생겼다고 한다.

이러한 급성 증상에 대해서는 어느 정도 알려져 있었지만 장기간에 걸친 피폭의 영향은 자세히 밝혀지지 않았다.

마리 퀴리는 오랜 세월 방사선 물질을 취급한 결과 점차 몸이 쇠약해졌고 결국 혈액암인 백혈병으로 세상을 떠났다.

제1차 세계대전이 시작된 1914년부터 1924년까지 미국의 뉴저지 주 야광시계 제조 공장에서 일하던 여성 노동자들이 라듐에 중독된 사건이 일어났다. 일명 '라듐 소녀들' 사건이다. 당시에 제조하던 야광시계는 라듐의 방사능에서 방출되는 알파선 빛을 이용한 것으로 라듐이 들어간 야광 페인트를 글자판에 칠해 숫자를 빛나게 하는 것이었다.

여성 노동자들은 라듐이 들어 있는 야광 페인트를 붓에 묻혀 시계판의 글자를 그렸는데, 이때 입으로 붓끝을 핥은 것이 원인이 되어 다량의 라듐이 체내에 축적되었던 것이다. 그 결과 뼈에 생기는 암(골육종) 등에 걸리고 말았다. '라듐 소녀들'이라 불린 그들은 회사를 상대로 소송을 일으켜 승소했으나, 안타깝게도 많은 원고들이 곧 사망하고 말았다.

　이러한 사건들을 계기로 인체에 대한 방사선의 영향에 대해 활발한 연구가 진행되었다. 한편 라듐 요법이라는 이름으로 체내의 암 부위에 라듐에서 방출되는 방사선을 쬐어 암을 파괴하거나 라듐제를 투여해 치료하는 요법이 실시되기도 했다. 그러나 현재는 방사선 치료에 인공 방사선원(코발트 60)이 사용되고 있으며 점차 라듐 요법은 자취를 감추게 되었다.

20세기 초의 라듐 붐

　20세기 초, 마리 퀴리가 평생의 연구 대상으로 삼았던 라듐은 '광채' '과학' '고급'이라는 이미지를 얻었고, 라듐 광석 등을 첨가한 제품들이 건강미용 제품으로 팔리기 시작했다.

　라듐이 전혀 함유되지 않더라도 상품명에 '라듐'을 붙이기만 하면 과학적이면서 고급스러운 이미지를 준다는 기대감 때문에 수많은 라듐 브랜드 제품들이 출시되었다. 실제로 라듐이 함유된 제품들은 부작용이 문제가 되기도 했다.

　그중에는 라듐이 함유되지 않은 제품들도 많았는데, 라듐 브랜드 에나멜 도료, 라듐 브랜드 버터, 라듐 브랜드 시거, 라듐 담배, 라듐 브랜드 파우치, 라듐 콘돔, 라듐 맥주 등이 그런 예다.

89

Ac 악티늄

Actinium | 원자량 (227)
방사선과 광선을 의미하는 그리스어
'aktis'에서 유래.

은백색의 금속이다. 악티늄족(로렌슘까지의 15개 원소)은 모두 방사성으로, 그중 92번의 우라늄까지가 천연에 존재한다. 93번의 넵투늄부터 103번의 로렌슘은 수명이 짧으며 인공적으로 제조된 원소다.

우라늄광에 함유되어 있으나 극히 미량이므로 분리 및 정제가 어렵다. 연구용으로 쓰인다.

90

Th 토륨

Thorium | 원자량 232.0
'토르석(thorite)'에서 발견된 데서 유래.
토르석의 유래는 북유럽 신화에 등장하는
천둥의 신(Thor)이다.

차세대 원자로의 기대주?

부드러운 은백색 금속이다. 동위원소 25종이 모두 방사성이다. 모나즈석, 토르석에 함유되며 지각 중에 우라늄의 약 3배 정도 존재한다. 이산화 토륨은 녹는점이 3390℃로 내화성이 뛰어나므로 특수 도가니용 재료 또는 가스등 맨틀로 쓰인다.

토륨 용융염 원자로는 아직 보급되지는 않았으나 차세대 원자력 발전 원자로로 기대되고 있다. 이미 희토류 채굴의 부산물로 다량의 토륨을 채취하고 있는 인도와 중국에서는 토륨 용융염 원자로 계획이 진행되고 있다. 중국은 2011년에 본격적인 개발을 발표한 바 있다.

토륨은 플루오린화 토륨이라는 화합물로 만들어 이를 용융하여(액체 상태로 만들어) 사용된다. 장점은 핵연료가 되는 토륨이 우라늄보다 매장량이 많고, 이론상 노심용융(원자력 발전에서 원자로가 담긴 압력용기 안의 온도가 급격히 올라가면서 중심부인 핵연료봉이 녹아내리는 것)을 일으키지 않으며, 불씨로 플루토늄을 이용하므로 플루토늄을 소멸시킬 수 있다는 것이다. 만약 핵반응이 폭주하는 사태가 발생하더라도 용융염으로 이미 용융된 액체 상태이기 때문에 용융염이 들어 있는 원자로 용기의 뚜껑이 녹아내리면서 격납용기로 흘러 들어가 핵 폭주가 정지된다.

토륨 용융염 원자로와 배관에 적합하도록 부식성에 견디는 재료의 개발 등 기술적인 과제가 아직 남아 있으나, 제반 문제들이 해결된다면 앞으로 인도와 중국 등에서 본격적으로 이용될 것으로 예상된다.

여러 잠재성을 가진 원소구나.

91

Pa 프로트악티늄

Protactinium | 원자량 231.0
악티늄을 생성하는 근원(즉 그 부모)이기
때문에 악티늄에 원형을 의미하는 그리스
어 'proto'를 붙여서 명명.

은색 계열의 금속으로, 동위원소 20종이 모두 방사성이다. 우라늄광에 미량 함유되어 있다. 강한 방사성이 있어 연구용으로만 사용된다.

92

 U 우라늄

Uranium | 원자량 238.0
그리스 신화에 등장하는 하늘의 신
'우라노스(Uranus)'가 어원이며, 현대
라틴어 풍으로 표기한 것.

퀴리 부인과 방사능

은백색 금속이다. 천연에 비교적 풍부하게 존재하는 원소들 가운데 원자번호가 가장 크다. 가장 많이 존재하는 것은 우라늄 238(99.2742%)로 반감기는 44.68억 년이다. 차광한 사진 건판(乾板)을 우라늄광 근처에 놓으면 감광하는 현상을 보고 베크렐이 우라늄에 방사능이 존재함을 발견했다.

퀴리 부부는 우라늄광에서 라듐과 폴로늄을 추출해내는 데 성공했으며, 저절로 방사성 붕괴가 일어난다는 사실을 세계 최초로 밝혀냈다. 그리고 마리 퀴리는 우라늄 등 방사성 물질이 방사선을 방출하는 성질 및 능력을 '방사능(radioactivity)'이라고 명명했다.

원자 폭탄과 원자력 발전의 핵연료

우라늄 235의 원자핵은 중성자와 부딪히면 두 개의 새로운 원자핵으로 붕괴된다. 이를 핵분열이라고 한다. 우라늄 핵종 가운데 우라늄 235가 핵분열이 가장 잘 일어나므로 원자 폭탄(우라늄 235를 90% 이상 함유)이나 원자력 발전의 핵연료(3~5% 함유)로 사용된다.

천연 우라늄에는 핵분열이 잘 일어나는 우라늄 235가 약 0.7%만 포함되어 있다. 나머지 99.3%는 핵분열을 잘 일으키지 않는 우라늄 238이다. 그래서 우라늄 235를 농축하는 과정이 필요하다. 농축 우라늄은 우라늄 235와 우라늄 238의 매우 미세한 질량 차를 이용하여 원심분리로 추출한다.

우라늄 235가 핵분열을 일으키면 중성자가 2~3개 튀어나오면서 동시에 대량의 에너지가 방출된다. 우라늄 235 한 개를 핵분열시키면 이때 튀어나온 중성자가 옆의 우라늄 235에 충돌하면서 핵분열을 일으킨다. 이때 튀어나온 중성자는 또다시 옆에 있는 다른 우라늄 235에 부딪히면서 핵분열을 일으킨다.

이렇게 연쇄적으로 일어나는 반응을 핵분열 연쇄반응이라고 한다. 이때 막대한 양의 에너지가 발생하는데, 이 에너지를 원자력 에너지 또는 핵에너지라고 부른다.

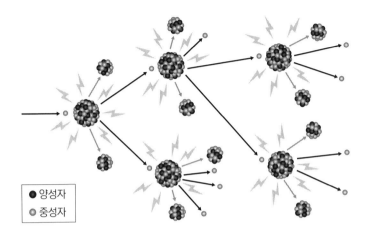

◆ 우라늄235의 핵분열 연쇄반응

● 양성자
◎ 중성자

　원자폭탄에는 우라늄 235나 플루토늄 239가 사용된다. 히로시마 원자폭탄은 우라늄형으로, 우라늄 235를 농축한 고순도 (90% 이상)의 핵연료가 사용되었다.

　원자폭탄을 제조하려면 폭발하는 타이밍에 맞춰 핵폭발 연쇄반응에 필요한 임계량(몇 kg)의 우라늄 또는 플루토늄을 하나로 압축시키는 폭축(爆縮, implosion) 같은 매우 고도의 기술이 필요하다.

　원자력 발전의 핵연료는 우라늄형 원자폭탄과 같은 우라늄 235가 핵연료로 쓰인다. 원자력 발전은 천천히 지속적으로 핵분열이 일어나도록 설계되어 있다. 원자폭탄에 필요한 농축도와는 달리 약 3%로 농축된 우라늄 235가 사용된다.

핵연료는 피복관 안에 펠릿(pellet, 연료를 작은 원주형으로 가공한 것) 형태로 넣어 사용한다. 펠릿 안에서 일어나는 핵분열 시 발생하는 열을 이용하여 물을 고온 고압의 수증기로 만든다. 이 수증기로 터빈을 회전시키고, 터빈에 연결된 발전기로 발전시킨다.

핵연료 찌꺼기 열화 우라늄

열화 우라늄이란 원자폭탄이나 원자력 발전의 핵연료 제조에 필요한 우라늄을 농축하는 과정에서 발생하는 우라늄을 말한다. 이른바 핵연료를 만들 때 생성되는 찌꺼기다. 그러나 아무리 찌꺼기라 해도 여전히 천연 우라늄의 60%에 해당하는 방사성을 가지고 있고, 중금속으로서 우라늄의 화학적 독성 또한 그대로 남아 있는 상태다.

열화 우라늄으로 만든 포탄이 바로 열화 우라늄탄이다. 우라늄은 밀도가 매우 높아 포탄으로 사용할 경우 장갑차의 장갑(강철판)까지 관통한다. 또한 열화 우라늄탄은 터질 때 미세한 분말이 되어 발화하면서 산화 우라늄이 되어 공기 중으로 흩어져 날아간다.

미군은 걸프 전쟁과 코소보 사태에서 열화 우라늄탄을 사용했는데 전쟁에서 귀환한 병사들과 해당 지역의 주민들에게서 여러 가지 건강 이상 증세들이 나타났다. 그 원인이 미군이 사용한 열화 우라늄탄 때문이라는 주장이 제기되기도 했다.

93

Np 넵투늄

Neptunium | 원자량 (237)
해왕성(Neptune)에서 유래된 이름.

은색 계열의 금속이다. 우라늄은 천연에 비교적 풍부하게 존재하는 원소들 가운데 가장 원자번호가 크다(원자번호 92). 원자번호 93 이후는 인간이 만들어낸 원소들이다. 앞에서도 설명했듯이 이처럼 우라늄보다 원자번호가 큰 원소들을 초우라늄 원소라고 한다.

원자로 내에서 우라늄 238에 중성자를 충돌시켜 제조하며, 천연에도 우라늄광에 극히 미량 존재한다. 방사성이 강하며 연구용으로 사용된다.

인류가
원소를
만들어
내다니!

Pu 플루토늄

> **Plutonium** | 원자량 (239)
> 해왕성 다음으로 발견된 명왕성(Pluto)의
> 이름에서 유래.

플루토늄은 마셔도 괜찮다?

은백색 금속이다. 1940년 말 글렌 시보그(Glenn Theodore Seaborg, 1912~1999) 연구팀에 의해 처음으로 만들어진 인공원소로, 강한 방사성이 있다. 발견 당시에는 완전한 인공원소로 추정되었으나 우라늄 광석 등에 극히 미량 존재하는 것으로 밝혀졌다. 지구상에는 천연 플루토늄이 0.05g 있다는 추정 결과도 있다. 플루토늄 244는 천연 원소 중에서 가장 밀도가 큰 원소다.

1993년 일본 동력로 · 핵연료 개발사업단은 플루토늄의 평화적 이용과 안전성을 설명하는 내용의 홍보용 동영상으로 애니메이션 '플루토 군'을 기획 제작했다.

이 애니메이션은 플루토늄에 대한 일반 시민의 오해를 풀어준다는 관점에서 제작되었다. 그런데 내용 중에 "플루토늄은 청산가리(사이안화 포타슘)처럼 먹으면 즉사하는 독극약이 아니다, 플루토늄은 피부로 흡수되지 않으며 물과 함께 마셔도 거의 흡수되지 않고 체외로 배출되며, 위장관에 들어가도 대부분 몸 밖으로 배설되기 때문에 마셔도 괜찮다"라고 하면서 주인공 플루토 군이 플루토늄을 꿀꺽꿀꺽 마시는 장면이 나왔다. 이 장면은 국내외로부터 많은 비난을 받았고, 결국에는 삭제되어 다시 개정판이 만들어졌다.

그럼 실제로 플루토늄을 마시면 어떻게 될까? 원자로용 재생연료(MOX 연료)로 사용되는 산화 플루토늄을 생각해보자. 원자로 내 플루토늄은 Pu238과 Pu239가 주성분이다. 원자로 내에서 Pu239는 중량으로 61%를 차지하나, 방사능으로는 8.6%에 불과하다. 방사능은 Pu238이 78%를 차지한다.

산화 플루토늄을 마시면 먼저 소화관으로 들어간다. 소화관에서의 흡수율은 매우 작아서 0.001% 정도에 불과하다. 혈중으로 들어가면 간 및 뼈로 옮겨진다. 그리고 간과 뼈에 머물면서 알파선을 주변 조직에 방사한다.

이처럼 소화관에서의 흡수율이 매우 낮다는 사실에 근거하여 홍보용 동영상 속에서 "마셔도 괜찮다"라는 대사가 나왔을 것이다. 동영상처럼 컵 한 잔이라면 섭취량은 적겠지만 아무리 소량이라고 해도 인체에 흡수되면 오랜 기간 체내에 머물게 되므로 체내 피폭으로 인한 발암성의 위험은 증가한다고 봐야 할 것이다.

플루토늄은 흡입에 의한 흡수를 가장 조심해야 한다. 플루토늄으로 오염된 공기를 흡입할 경우 코에서 폐에 이르기까지 호흡기도의 여러 위치에 플루토늄이 침착된다. 특히 크기가 큰 것과 크기가 작은 일부 소형 입자는 코에 침착되는 것으로 알려져 있다. 가장 작은 소형 입자는 최종적으로 폐의 폐포에 침착된다.

다행히 인체의 방어 시스템이 기능하면서 기도 표면에 있는 섬모(미세한 털)에 의해 먼지 등의 이물질을 점액과 함께 가래의 형태로 기도 상부로 보내거나 식도로 들어가 대변과 함께 몸 밖으로 배출된다. 결과적으로 폐의 심부까지 침착되는 플루토늄의 양은 흡입량의 4분의 1 정도라고 한다.

95

Americium | 원자량 (243)
란타넘족의 유로퓸(유럽 대륙에서 유래)에
대응해 아메리카 대륙에서 딴 이름.

    은백색 금속이다. 원자력 발전의 사용 후 핵연료봉에 쌓이는 플루토늄 241의 자핵종이기 때문에 대량으로 생산된다. 방사선으로 두께를 측정하는 계측기, 미국에서는 빌딩이나 가정용 연기감지기 등에 널리 이용되고 있다.

    연기감지기의 경우 아메리슘 241이 부착된 금속판 앞에서는 공기가 알파선에 의해 전리(電離, 방사선이 물질을 통과할 때 직접 또는 간접으로 물질을 이온화시키는 것)되지만, 연기가 발생하면 공기의 전리가 방해되므로 이때의 전류 변화를 검출하여 연기의 발생 유무를 감지해내는 시스템이다.

96

Cm 퀴륨

Curium | 원자량 (247)
퀴리 부부(피에르 퀴리와 마리 퀴리)의
이름에서 유래.

인공원소이며 은백색 금속이다. 원자력 전지로의 활용 가능성
이 검토되었으나 플루토늄 238이 더 자주 쓰이면서 현재는 연구
용으로 주로 사용되고 있다.

97

Berkelium | 원자량 (247)
발견한 연구팀이 소속된 캘리포니아 대학
소재지인 버클리에서 유래.

인공원소이며 은백색 금속이다. 연구용으로 쓰인다.

98

Cf 캘리포늄

Californium | 원자량 (252)
캘리포니아 대학 연구팀에 의해 발견된
것에서 유래.

인공원소이며 은백색 금속이다(추정). 동위원소 중에 중성자를
충돌시키지 않아도 스스로 핵분열을 일으키는(자기 핵분열) 핵종
이 있다.

99

Es 아인슈타이늄

Einsteinium | 원자량 (252)
상대성이론을 제창한 물리학자
아인슈타인에서 유래.

인공원소이며 은백색 금속이다(추정). 인공원소로는 드물게 원자로나 가속기를 이용해 인위적으로 합성한 것이 아니라 야외에서 채취된 시료에서 발견되었다.

1952년 마셜제도 에니위톡 환초(Eniwetok Atoll)에서 핵무기 개발을 위한 수소폭탄 실험이 실시되었다. 인류 사상 최초의 수소폭탄이었다. 수소폭탄은 기폭제로 원자폭탄을 이용하는데 이때 사용된 핵연료는 농축 우라늄으로 추정된다. 수소폭탄으로 생성된 다량의 중성자가 한 번에 여러 개씩 우라늄에 흡수되면서 초우라늄 원소가 일부 생성되었다.

이 수소폭탄 실험으로 엘루젤랍 섬이 흔적도 없이 사라졌다. 한 달 뒤 실험 장소에서 채취한 산호 1t을 처리하면서 페르뮴과 함께 발견된 것이 아인슈타이늄이었다. 이 원소에 말년에 핵무기 폐기를 주장한 앨버트 아인슈타인(Albert Einstein, 1879~1955)의 이름이 붙여진 것은 참으로 아이러니하다.

100

Fm 페르뮴

> Fermium | 원자량 (257)
> 원자의 인공 전환에 최초로 성공한 핵물리학자 페르미에서 유래.

인공원소이며 은백색 금속이다(추정). 아인슈타이늄과 함께 수소폭탄 실험에 의한 죽음의 재(death ashes)에서 발견되었다.

101

Md 멘델레븀

> Mendelevium | 원자량 (258)
> 주기율표를 탄생시킨 멘델레예프에서 유래.

인공원소이며 은백색 금속이다(추정).

102

No 노벨륨

Nobelium | 원자량 (259)
다이너마이트를 발명하고 그의 유산으로
노벨상을 창설한 노벨의 이름에서 유래.

인공원소이며 은백색 금속이다(추정).

103

Lr 로렌슘

Lawrencium | 원자량 (262)
가속기 사이클로트론을 발명한 과학자
어니스트 로렌스(Ernest Lawrence
1901~1958)에서 유래.

인공원소이며 은백색 금속이다(추정).

104 **Rf** 러더포듐

Rutherfordium | 원자량 (267)
원자핵을 발견하여 핵물리학의 아버지라
불리는 영국 물리학자 어니스트 러더퍼드
(Ernest Rutherford, 1871~1937)에서 유래.

인공원소이며 은백색 금속이다(추정).

105 **Db** 더브늄

Dubnium | 원자량 (268)
러시아 더브나에 있는 합동 원자핵연구소
(구 더브나연구소)에서 만들어진 데서 유래.

인공원소이며 은백색 금속이다(추정).

Sg 시보귬

Seaborgium | 원자량 (263)
가속기에서 아홉 종류의 인공원소를
만들어낸 미국 화학자 글렌 시보그의 이름
에서 따옴.

인공원소이며 은백색 금속이다(추정). 1997년 명명 당시에 생존

인물의 이름에서 붙여진 유일한 원소다(시보그는 1999년에 사망).

107

Bh 보륨

Bohrium | 원자량 (270)
양자역학의 기초를 구축한 덴마크
물리학자 닐스 보어의 이름에서 따옴.

인공원소이며 은백색 금속이다(추정).

108

Hs 하슘

Hassium | 원자량 (269)
1984년 합성에 성공한 중이온연구소가
독일 헤센 주에 있음. 헤센 주의 라틴명
Hassia에서 유래.

인공원소이며 은백색 금속이다(추정).

109 Mt 마이트너륨

Meitnerium | 원자량 (278)
우라늄의 핵분열반응을 최초로 증명한
오스트리아 여성 물리학자 마이트너의
이름에서 따옴.

인공원소이며 은백색 금속이다(추정).

110 Ds 다름슈타튬

Darmstadtium | 원자량 (281)
합성에 성공한 독일 중이온 연구소가 있는
다름슈타트에서 유래.

인공원소이며 은백색 금속이다(추정).

111 Rg 뢴트게늄

Roentgenium | 원자량 (281)
X선을 발견한 독일 물리학자 뢴트겐에서
유래.

인공원소이며 은백색 금속이다(추정).

112 Cn 코페르니슘

Copernicium | 원자량 (285)
지동설을 주창한 폴란드 천문학자
코페르니쿠스에서 유래.

인공원소이며 은백색 금속이다(추정).

113

Nh 니호늄

Nihonium | 원자량 (278)
일본을 의미하는 일본식 발음 '니혼'에서
유래.

거듭된 실험으로 113번 원소의 명명권을 획득!

일본 이화학연구소에서 만들어진 113번 원소가 국제적으로 신원소로 인정되었다. 최초로 합성된 것은 2004년의 일이다. 아연(원자번호 30, 양성자 수 30개)의 원자핵과 비스무트(원자번호 83, 양성자 수 83개)의 원자핵을 충돌시켜 서로의 원자핵을 융합시키면 30 +83 =113번 원소가 만들어진다. 어려운 점은 원자핵 크기가 10^{12} 분의 1cm로 너무나도 작아서 거의 충돌하지 않고, 만약 충돌하더라도 원자핵이 융합될 확률이 10^{14}분의 1로 매우 낮다는 것이다. 비스무트를 표적으로 대량의 아연 원자핵을 어마어마한 속도로 충돌시키는 수밖에 없다.

2003년 9월에 시작한 실험은 가속기로 빛의 속도(약 30만 km/s)의 10%까지 속도를 높인 아연 빔을 충돌시키며 밤낮으로 계속되었다. 그 결과 2004년 7월 23일 드디어 한 개의 113번 원소가 합성된 사실이 확인되었다. 단 한 개의 113번 원소가 알파선을 방출하면서 다른 원소로 붕괴해나가는 과정을 추적한 결과였다. 이듬해 2005년 4월 2일에는 두 번째로 113번 원소가 확인되었다.

일본은 두 번의 합성 및 발견으로 113번 원소 발견의 우선권을 주장했으나 인정되지 않았다. 결정적인 증거 확보를 목적으로 실험을 계속한 결과 2012년 8월 12일 세 번째로 113번 원소를 확인했고, 이전과는 다른 새로운 붕괴 과정이 확인되었다. 수명은 약 0.002초로 짧고, 순식간에 다른 원소로 붕괴해버린다. 이렇게 10년 가까운 세월 동안 113번 원소를 모두 세 번 합성하고 발견해냈다. 그 결과 2015년 12월 드디어 원소 명명권이 인정되어 니호늄이라는 이름이 붙여졌다.

한편 러시아와 미국 공동 연구팀이 이화학연구소 연구팀보다 7개월 먼저 113번 원소를 발견했다고 주장했다. 이들 공동 연구팀은 115번 원소를 인공 합성하고 이것이 붕괴하는 과정에서 113번 원소를 확인했다고 주장했으나 증거 불충분으로 기각되었다.

114 Fl 플레로븀

> **Flerovium** | 원자량 (289)
> 최초로 이 원소를 합성한 러시아 연구소의
> 설립자 게오르기 플료로프(Georgy Flyorov,
> 1913~1990)의 이름에서 따옴.

인공원소다.

115 Mc 모스코븀

> **Moscovium** | 원자량 (289)
> 러시아의 수도 이름 모스크바에서 유래.

인공원소다.

116

Lv 리버모륨

Livermorium | 원자량 (293)
미국의 로렌스 리버모어 국립연구소
이름에서 유래.

인공원소다.

117

Ts 테네신

Tennessine | 원자량 (294)
미국의 지명 테네시(Tennessee)에서
유래.

인공원소다.

118

Og 오가네손

Oganesson | 원자량 (294)
러시아 핵물리학자인 유리 오가네시안
(Yuri Oganessian, 1933~)의 이름에서 따옴.

인공원소이며 18족이므로 비활성 기체일 가능성이 높다.

원소 이름이 생존 인물의 이름에서 유래된 것은 106번

의 시보귬 이래로 두 번째다.

원소에
관한 인류의
탐구 여정은
앞으로도
계속된다.

◆ 맺음말

사람은 죽어도 원자는 남는다

2013년 말에 러시아를 방문했다. 러시아의 어느 대학에서 과학관을 건립하는 데 자문을 해달라는 요청 때문이었다. 이때 꼭 가고 싶은 곳이 있었다. 당시로부터 19년 전 필자는 지인인 이시카와 아키노리[石川顯法] 씨와 함께 모스크바와 상트페테르부르크를 여행한 적이 있었는데, 그때 갔던 상트페테르부르크의 멘델레예프 동상과 벽에 새겨진 대형 주기율표를 다시 꼭 한번 보고 싶었던 것이다.

다시 찾아가 보니 멘델레예프 동상과 벽의 대형 주기율표는 여전히 같은 장소(도량형 연구소)에 그대로 있었다. 관심 있는 독자는 필자의 블로그에서 사진을 보기 바란다(http://d.hatena.ne.jp/samakita/ 20131230/p1, 'samakikaku 左巻健男'로 검색).

이 주기율표는 현대의 것과는 다르며, 주기율표를 발견한 멘델레예프 시대의 것과도 다르다. 비활성 기체 원소가 발견되지 않았음에도 들어가 있고, 당시 아직 미발견이라서 멘델레예프가 빈칸으로 두고 그 존재를 예언했던 원소도 들어 있기 때문이다.

이 주기율표가 '단주기율표'다. 현재는 '장주기율표'를 사용한다. 필자는 상트페테르부르크에서 나 자신이 젊은 시절부터 끊임없이 원소와 주기율표에 흥미와 관심을 갖고 있었다는 사실을 재확인했다. 그 때문인지 필자가 『이과의 탐험(RikaTan)』이라는 전문 이과 잡지를 출간할 때에도 창간호 특집으로 선택한 주제가 '원소 세계'였다. '결정 미술관' 사이트를 운영하고 있는 다나카 료지[田中陵二] 씨에게 부탁하여 그가 촬영한 원소 결정 사진을 삽입하여 A1판(펼친 신문지 크기) 크기의 아름다운 원소주기율표 포스터를 부록으로 만들기도 했다.

필자는 연구실 벽에다 이 주기율표 포스터를 붙여놓았다. 그리고 아름다운 원소 사진이 들어간 이 포스터를 바라보며 원고를 집필하곤 한다. 다나카 료지 씨와는 이후에 『알기 쉬운 원소도감(よくわかる元素図鑑)』을 공저하여 출간하기도 했다.

필자는 '머리말'에서 인체를 구성하는 원소에 관하여 언급했다.

원소의 실체는 원자다. 방사성 원소의 원자가 아니면 원자는 붕괴되지 않는다. 우리 몸은 어마어마한 개수의 원자들로 이루어져 있다. 그런데 가령 '이들 원자는 우리 몸을 구성하기 전에 어디에 있었을까?' 혹은 '우리가 죽은 다음에 이 원자들은 무엇을 구성할까?'라고 생각해본 적이 있는가?

어쩌면 역사상 인물들의 몸속에 있었던 몇몇 원자들은 돌고 돌아서 현대를 살고 있는 우리 몸속에 들어와 있을지도 모른다.

필자는 중학생과 고등학생을 대상으로 하는 과학 수업시간에 '클레오파트라의 탄소'라는 이야기를 자주 들려주곤 한다. 다음과 같은 내용이다.

우리 몸은 단백질, 지방 등을 이루고 있는 탄소, 수소, 산소 등으로 구성된 화합물의 집합체다. 이 탄소는 원래 우리의 것이 아니라, 지구가 탄생한 이래로 지금까지 몇 만, 몇 억 번의 화학변화를 통해 '온전한 채'로 우리 몸을 구성하는 원자가 되었다.

옛날에 이들 원자는 그 유명한 영웅 카이사르 혹은 절세미인 클레오파트라의 몸을 구성하는 원소들의 일부였을지도 모른다. 어느 계산 결과에 따르면, 클레오파트라를 구성했던 탄소 원자를 세계 인구수로 나누어보면 한 사람당 2000개씩이 해당된다고 한다. 이 탄소들은 바퀴벌레의 일부였거나 공룡의 일부였을지도 모른다. 공기 중 이산화 탄소의 구성원자로서 식물에 흡수되어 광합성을 통해 영양분이 되면서 한때 식물 몸의 일부였을지도 모른다.

이처럼 사람은 죽어도 원자는 남는다. 원자는 영원불멸한 것이다.

하지만 원소 이름을 일본에서 딴 113번 원소 니호늄은 방사성이기 때문에 영원불멸은 아니다. 수명이 약 0.002초로 짧아서 눈 깜짝할 사이에 다른 원소로 붕괴된다. 이 신원소는 아직까지 직접적으로 우리 생활에 도움을 주지는 않지만 앞으로 원소, 즉 원자의 핵 안정성에 관한 기초적인 지식을 제공할 것이다. 향후 일본 이화학연구소는 119번, 120번 원소의 합성에 주력할 계획이라고 한다.

사마키 다케오

294

◆ 참고문헌

- 사마키 다케오(편집장), 『이과의 탐험(RikaTan)』 2012년 여름호(통권 1호).
- 사마키 다케오·다나카 료지 공저, 『알기 쉬운 원소도감(よくわかる元素図鑑)』, PHP 에디터즈 그룹, 2012년 (국내 번역출판).
- 사마키 다케오 저, 『저 원소는 어떤 쓸모가 있을까?(あの元素は何の役に立っているのか?)』, 다카라지마샤(宝島社)〈다카라지마샤 신서〉, 2013년.
- 샘 킨 저, 마츠이 노부히코(松井信彦) 역, 『스푼과 원소주기율표(スプーンと元素周期表)』, 하야카와 쇼보(早川書房)〈하야카와 논픽션 문고〉, 2015년.
- 사마키 다케오 감수, 『알기 쉬운 원소 캐릭터 도감 : 지구의 재료를 알아보자!(よくわかる元素キャラ図鑑 : 地球の材料を知ろう)』, 다카라지마샤, 2015년.
- 사쿠라이 히로시(桜井弘) 저, 『원소 111의 신지식(元素111の新知識) 제2판』, 고단샤(講談社)〈블루벅스(ブルーバックス)〉, 2009년.
- 다카기 닌자부로(高木仁三郎) 저, 『원소의 소사전(元素の小事典)』, 이와나미 쇼텐(岩波書店)〈이와나미 주니어 신서〉, 1982년.
- 도미나가 히로히사(富永裕久) 저, 『도해잡학 원소(図解雑学 元素)』, 나츠메샤, 2005년.
- 야마모토 기이치(山本喜一) 감수 『최신도해 원소의 모든 것을 알 수 있는 책(最新図解 元素のすべてがわかる本)』, 나츠메샤 2011년.
- 키스 베로니즈 저, 와타나베 다다시(渡辺正) 역, 『레어 RARE − 희소 금속의 알고 있어야 할 16가지 이야기(希少金属の知っておきたい16話)』, 화학동인, 2016년.
- 일본화학회 편, 『미움 받는 원소는 부지런한 일꾼(嫌われ元素は働き者)』, 대일본도서, 1992년.
- 사마키 다케오 편저, 『새로운 고등화학의 교과서(新しい高校化学の教科書)』, 고단샤〈블루벅스〉, 2006년.
- 사마키 다케오 편저, 『물건 만드는 화학을 가장 잘 알 수 있다 − 주변의 공업제품으로 화학을 이해하다-(ものづくりの化学が一番わかる-身近な工業製品から化学がわかる -)』, 기술평론사, 2013년.
- 문부과학성, 『한 집에 한 장 주기율표(一家に一枚周期表)』(제7판).

재밌어서 밤새 읽는 원소 이야기

1판 1쇄 발행 2017년 7월 10일
1판 8쇄 발행 2023년 11월 13일

지은이 사마키 다케오
옮긴이 오승민
감수자 황영애

발행인 김기중
주간 신선영
편집 민성원, 백수연
마케팅 김신정, 김보미
경영지원 홍운선
펴낸곳 도서출판 더숲
주소 서울시 마포구 동교로 43-1 (04018)
전화 02-3141-8301~2
팩스 02-3141-8303
이메일 info@theforestbook.co.kr
페이스북·인스타그램 @theforestbook
출판신고 2009년 3월 30일 제2009-000062호

ISBN 979-11-86900-29-1 (03430)